ALEXANDER SPRICK

RICHTIG ONLINE BEWERBEN 2018

MIT KNOW-HOW UND KOSTEN-
LOSEN TOOLS ZUR ÜBERZEU-
GENDEN ONLINE-BEWERBUNG

ANAXIMANDER

3., überarbeitete und erweiterte Auflage, März 2018

Erstauflage als Print-Ausgabe, Oktober 2014

Verlag:

Anaximander Verlag UG (haftungsbeschränkt),

Alte Kasseler Str. 23, D-31737 Rinteln

Telefon: 05754/926149 – Telefax: 05754/4989825

www.anaximander-verlag.de

E-Mail: mail@anaximander-verlag.de

Autor:

Alexander Sprick, Dipl.-Kfm.

Alte Kasseler Str. 23, D-31737 Rinteln

Telefon: 05754/926149 – Telefax: 05754/4989825

www.alexander-sprick.de

E-Mail: mail@alexander-sprick.de

Autorenfoto:

Evangeline Cooper www.evangeline-cooper.de

ISBN: 978-3-9819676-1-6

Herstellung und Druck:

Siehe Eindruck auf der letzten Seite

Bibliografische Information der Deutschen Nationalbibliothek:

Die Deutsche Nationalbibliothek verzeichnet diese Publikation in der Deutschen Nationalbibliografie; detaillierte bibliografische Daten sind im Internet über http://dnb.d-nb.de abrufbar.

INHALT

CHECKLISTEN

1. Vorwort

Online-Bewerbungen sind bei vielen Unternehmen zum Standard im Bewerbungsablauf geworden.

Dabei wird im Regelfall zwischen einer **Bewerbung per E-Mail** und einer **Online-Bewerbungsmaske** auf der Website des Unternehmens (bzw. über ein Formular im Browser) unterschieden.

Da der erste Eindruck des Bewerbers bzw. der Bewerberin vom Erscheinungsbild der eingereichten Unterlagen geprägt wird, sind bei der Online-Bewerbung – analog der Erstellung einer schriftlichen Bewerbungsmappe – bestimmte Formalia und Standards einzuhalten.

Als Personalberater ist mir natürlich bewusst, dass die äußere Form der Bewerbung in Relation zur ausgeschriebenen Position beurteilt werden sollte. So erwarte ich beispielsweise von einem Leiter Rechnungswesen „mehr" als von einem Mitarbeiter, der sich auf eine Position in der Produktion bewirbt. Nichtsdestotrotz erhoffe ich mir auch von dem Produktionsmitarbeiter, dass er – mit seinen Mitteln – eine aussagefähige und gepflegte Bewerbung erstellt.

Im Rahmen dieses Buches wird Ihnen Schritt für Schritt gezeigt, wie Sie eine überzeugende elektronische Bewerbung erstellen und dabei technische „Fallen" umschiffen.

Wichtig ist mir, dass Sie Software-Tools einsetzen, die einerseits kostenlos sind und die es Ihnen andererseits ermöglichen, rasch und unkompliziert Ihr Ziel zu erreichen.

Des Weiteren werden Ihnen zahlreiche Tipps, „Basics", Links zu Mustern und Vorlagen sowie „No-Gos" im Rahmen Ihrer Bewerbung vorgestellt. Bereits mit Erscheinen der 2. Auflage wurden Checklisten aufgenommen.

In der 3. Auflage wurde ein besonderes Augenmerk auf den konkreten Praxisbezug der Hinweise gelegt, da ich – als Personalberater – schon etliche Fehler gesehen habe. So war bspw. die Angabe einer veralteten Mobiltelefon-Nummer noch eines der kleineren Übel...

Die Erläuterung von Neuerungen rundet das Buch ab.

Im nächsten Abschnitt habe ich Ihnen die benötigte Software zusammengestellt, die Sie zum Erstellen Ihrer Bewerbung benötigen. Zum Download habe ich Ihnen Links seriöser Anbieter (z.B. Computer-Fachzeitschriften) angegeben, unter denen Sie sich die Tools kosten- und virenfrei herunterladen können. Die eigentliche Installation von Software soll hier nicht beschrieben werden, da ich diese Kenntnisse voraussetze.

2. Benötigte Software

S ie benötigen im Rahmen unserer Schritt-für Schritt-Vorgehensweise die folgende Software:

WinScan2PDF

(Freeware)

Version 4.04 vom 7. März 2018

Kostenloser Download unter

http://www.computerbild.de/download/WinScan2PDF-5817145.html

oder

http://www.softwareok.de/?seite=Microsoft/WinScan2PDF

Mit dieser Software werden Zeugnisse über den Scanner eingescannt und gleich im sog. PDF-Format abgespeichert.

„WinScan2PDF" erkennt automatisch an den PC angeschlossene Scanner. Nach Auswahl der Scan-Quelle (falls mehrere Scanner bzw. Geräte vorhanden sind) und einem simplen Klick auf den „Scan"-Button sehen Sie das eingescannte Dokument in einer Vorschau. Dieses lässt sich anschließend als PDF abspeichern. Durch diese Vorgehensweise entfällt der Zwischenschritt der Speicherung als Bilddatei.

„WinScan2PDF" ist ein recht kleines Programm, so dass es kaum Festplatten-Speicherplatz benötigt. Toll finde ich, dass mehrere Zeugnisseiten „auf einmal" eingescannt und umgewandelt werden können. Ab Version 2.15 kann man zudem die Qualität und damit die Größe der gescannten PDF-Datei ändern. Je höher die Qualität der PDF-Datei, desto höher ist natürlich die Dateigröße. Und etliche Firmen limitieren die Größe der Ihnen übermittelten Bewerbungsdatei(en).

PDF-Binder
(Freie Software: GNU GPL v3-Lizenz)
Version 1.2 vom Dezember 2011

Kostenloser Download unter

https://code.google.com/p/pdfbinder/downloads/list

Mit dieser Software können mehrere separate PDF-Dateien zu einer einzigen Datei zusammengefügt werden. Dabei kann die Reihenfolge der einzelnen PDF-Ausgangsdateien in dem neu zu erstellenden Dokument mit kleinen Pfeiltasten verändert werden. Im Ergebnis können bspw. einzeln als PDF vorliegende Arbeitszeugnisse in eine chronologische Reihenfolge gebracht werden. Der große Vorteil dieser Software besteht in ihrem schlichten Aufbau. Dadurch sollte sie auch von Computer-„Laien" ohne Schwierigkeiten bedienbar sein. Hinzu kommt, dass „PDF-Binder" die gestellte Aufgabe rasch erledigt. Toll finde ich, dass „PDF-Binder" auch eine größere Anzahl von PDF-Dokumenten ohne Probleme verarbeiten kann.

Microsoft Word und/oder Excel
(Kauf-Software in verschiedenen Editionen, die sich in enthaltenen Komponenten, Preis und Lizenzierung unterscheiden)
ab Office-Version 2007 Service Pack 2

Mit dieser – leider kostenpflichtigen – Software werden Anschreiben, Lebenslauf und ggf. Deckblatt erstellt und gleich im PDF-Format abgespeichert.

Aufgrund der großen Verbreitung des Office-Paketes aus dem Hause Microsoft möchte ich auch in der 3. Auflage dieses Buches nicht auf dessen Vorstellung verzichten, zumal „Richtig online bewerben" erfahrungsgemäß in zahlreichen Bildungseinrichtungen gelesen wird, bei denen sehr häufig „Microsoft Office" eingesetzt wird. Hinzu kommt, dass ich die Funktionalität, bspw. ein Word-Dokument gleich als PDF-Datei abzuspeichern, für gelungen halte.

alternativ:

OpenOffice

(Freeware)

Version 4.1.5 vom 23. Dezember 2017

Kostenloser Download unter

http://www.chip.de/downloads/OpenOffice_13004346.html

„OpenOffice" ist eine kostenlose Alternative, falls „Microsoft Office" bzw. „Word" und/oder „Excel" nicht verfügbar ist. „OpenOffice" besteht aus Textverarbeitung, Tabellen-Kalkulation, Präsentations-Software, Zeichenprogramm, Datenbank-Verwaltung und Formel-Editor.

Mit „OpenOffice" können Sie bspw. Ihr Anschreiben, den Lebenslauf und ggf. das Deckblatt erstellen und gleich im PDF-Format abspeichern.

alternativ:

LibreOffice

(Freeware)

Version 6.0.2 vom 1. März 2018

Kostenloser Download unter

http://www.chip.de/downloads/LibreOffice_44924284.html

Aus „OpenOffice" ist eine Office-Suite namens „LibreOffice" hervorgegangen, die sinnvoll weiterentwickelt wurde/wird. Das freie „LibreOffice" liefert Ihnen alles, was eine Office-Suite benötigt. Von der Textverarbeitung über die Tabellenkalkulation bis hin zur Präsentations-Entwicklung werden alle Sparten abgedeckt.

Für Bewerbungszwecke werden mit „LibreOffice" bspw. Anschreiben, Lebenslauf und ggf. Deckblatt erstellt und gleich im PDF-Format abgespeichert.

Auch dieses Programm stellt eine Alternative dar, falls „Microsoft Office" bzw. „Word" und/oder „Excel" nicht verfügbar ist.

PDFCompressor 2018

(Kauf-Software [Preis: 19,90 Euro, Stand: März 2018] mit kostenloser 30-tägiger Testversion)

Version 1.03 aus dem Jahr 2018

https://www.abelssoft.de/de/windows/Helferchen/PDFCompressor

Diese Software dient bei Bedarf dazu, große PDF-Dateien zu verkleinern („komprimieren"). Bei der Erstellung von Bewerbungsunterlagen dürfte dies vor allem für die Zeugnisdatei(en) von Belang sein, da diese Dateien manchmal recht groß werden.

Dieses Tool ist – kurz gesagt – klasse. Leider kostet Qualität manchmal Geld. Wer allerdings einmalig seine Zeugnisdateien verkleinern und diese später immer wieder verwenden möchte, kann zur kostenlosen Testversion (Button: „Testversion herunterladen") greifen. Diese läuft 30 Tage, enthält „Reklame" und erlaubt es, exakt 10 PDF-Dateien zu verkleinern.

alternativ:

PDF Reducer Free

(Freeware)

Version 3.0.23 vom 23. Januar 2018

Kostenloser Download unter

http://www.chip.de/downloads/PDF-Reducer-Free_78919605.html

Eine kostenlose Alternative zu dem sehr einfach zu bedienenden „PDFCompressor 2018" ist der „PDF Reducer Free", den es leider nicht in deutscher Sprache gibt.

Auch der "PDF Reducer" komprimiert Ihre PDF-Dokumente effektiv.

Praxistipp:

Gleich ein erster Tipp: Statt zu komprimierende Dokumente direkt auswählen zu können, müssen Sie bei dieser Software einen ganzen Ordner angeben. In diesem Ordner dürfen sich nicht noch weitere Dateien in anderen Dateiformaten befinden. Legen Sie also einen eigenen Ordner für Ihre zu komprimierenden PDF-Dokumente an!

BeCyPDFMetaEdit
(Freeware)
Version 2.37.0 vom 17. August 2010
Kostenloser Download unter
http://www.computerbild.de/download/BeCyPDFMetaEdit-5538014.html

Mit dieser Software werden die Dateieigenschaften und unnötige oder verräterische Informationen aus den erstellten PDF-Dateien entfernt.

Dazu liest das Programm PDF-Dokumente ein und erlaubt die Bearbeitung diverser Einstellungen wie etwa der sog. Metadaten über Autor, Titel, Thema etc. des Dokuments.

Hintergrund: Haben Sie bspw. Ihr Anschreiben auf dem PC eines Bildungsträgers erstellt, so stehen nicht Sie, sondern evtl. ein Mitarbeiter des Bildungsträgers als Verfasser in den Dateieigenschaften. Da ein pfiffiger Personaler dies erkennen dürfte, können Sie mit dieser Software derartige Angaben abändern.

PDF24 Creator
(Freeware)
Version 8.4.1 vom 27. Februar 2018
Kostenloser Download unter
http://www.chip.de/downloads/PDF24-Creator_43805654.html

Mit dieser – nahezu allumfassenden – PDF-Software können Sie im Rahmen Ihrer Bewerbungen etliche Aufgaben erledigen, z.B.

- mehrere PDF-Dateien zusammenfügen oder wieder teilen,

- einzelne Seiten aus einer PDF extrahieren,

- Seiten von einer PDF in eine andere PDF einfügen,

- PDF-Informationen (Autor, Titel usw.) einstellen.

3. Einführung

Im Zeitalter der Digitalisierung hat die Online-Bewerbung zunehmend Einzug in die Personaletagen der Unternehmen gehalten. Die meisten Stellenanzeigen fordern heute sogar nur noch Bewerbungen auf elektronischem Wege.

Dabei wird zwischen der Online-Bewerbung in Form

- einer E-Mail

- eines Online-Bewerbungsformulars

unterschieden.

Vorteil: Der Bewerbungsprozess wird sowohl für Bewerber als auch für die Personaler vereinfacht und beschleunigt.

Beide Seiten sparen Zeit und Porto- bzw. Kopierkosten. Die Bewerbung erreicht innerhalb von wenigen Augenblicken das Unternehmen.

Bewerber erhalten in der Regel ein sehr schnelles Feedback in Form einer (automatisierten) Eingangsbestätigung und das Unternehmen kann die Daten ohne großen Aufwand intern weiterleiten und versenden – bspw. von der Personalabteilung zur jeweiligen Fachabteilung, Geschäftsführung etc.

Durch eine Bewerbung über das Internet demonstriert der Bewerber bzw. die Bewerberin seine/ihre Kompetenz im Bereich moderner Kommunikationstechnologien (und nebenbei Anwendungskenntnisse der jeweiligen Office-Software).

Für Bewerber gilt als oberste Maxime: Bitte machen Sie dem Empfänger das Bearbeiten Ihrer Bewerbung so einfach wie möglich. Versuchen Sie sich also in die Rolle der Personen zu versetzen, die Ihre Online-Bewerbungsunterlagen sichten und „studieren". Und fragen Sie sich: Wie können Sie diesen Personen ihre Arbeit erleichtern? Nun – das ist gar nicht so schwierig. Ihre Bewerbung **muss**

- **übersichtlich** sein,

- Ihrem potentiellen Arbeitgeber erlauben, **Ihre Berufserfahrungen und Qualifikationen rasch zu erfassen,**

- Ihrem potentiellen Arbeitgeber den durch Ihre Einstellung gewonnenen **Nutzen verdeutlichen.**

Zunächst einige Tipps bezüglich der einzuhaltenden Formalia.

Praxistipps:

Vorab gleich die ersten Tipps zur E-Mail-Bewerbung:

- In der Betreffzeile geben Sie bitte an, wo Sie die Anzeige gelesen haben, z.B. „Bewerbung als ... – Ihre Stellenanzeige vom ... – Referenz xxx". Zur Erklärung: Oft finden Sie – gerade in größeren Unternehmen – in der Stellenausschreibung eine Referenznummer, die Sie bitte hier übernehmen.

- In der E-Mail selbst geben Sie bitte Ihre Kontaktdaten an. Ich würde diese unter den Gruß- und Namensfeldern – quasi als „Signatur" – einfügen. Bitte geben Sie Ihre vollständige Anschrift, Telefon, Mobiltelefon und E-Mail-Adresse an. Stellen Sie auch sicher, dass es sich um Ihre aktuelle mobile Nummer handelt („Handywechsel") und tragen Sie in den Tagen nach der Absendung der Bewerbung dafür Sorge, dass Sie auch tatsächlich erreichbar sind und der Akku regelmäßig geladen wird.

- Einer E-Mail-Bewerbung sollten auch nicht bis zu 17 Anhänge beigefügt werden – wie ich sie leider bereits erhalten habe. Grundsätzlich gilt: Je weniger Anhänge, desto besser: <u>Idealerweise sollte Ihre E-Mail-Bewerbung nur aus einem einzigen Anhang im „PDF"-Format bestehen.</u> Dies gilt insbesondere für Hochschul-Absolventen, von denen man diese Fertigkeit erwarten kann/muss.

- Wenn Sie lediglich eine einzige Datei erstellen, so gilt hinsichtlich der Sortierung Ihrer Unterlagen die folgende Reihenfolge:

1. Anschreiben

2. Deckblatt

3. Lebenslauf

4. Zeugnisse

5. Zertifikate

<u>zusätzlich:</u>

Kurzanschreiben direkt als E-Mail-Text

- Die Zeugnisse werden wiederum wie folgt sortiert:

  4a) Zwischenzeugnis (falls vorhanden)

  4b) Aktuellstes Arbeitszeugnis zuoberst

  4c) Weitere Arbeitszeugnisse absteigend

  4d) Studienzeugnis (falls vorhanden)

  4e) Berufsausbildung

  4f) Höchstes Schulabgangszeugnis

- Anschließend folgen die Zertifikate – aber nicht alle! Nur die zielrelevanten Zertifikate mit Bezug zu der Stellenanzeige sollten beigefügt werden. Die Zertifikate werden dabei zeitlich absteigend sortiert.

- Sollte es Ihnen nicht gelingen, Ihre Unterlagen zu einer einzigen Datei zusammenzufassen: Die von mir vertretenen Unternehmen akzeptieren normalerweise bis zu maximal drei Anlagen bzw. Anhänge. Eine pragmatische Lösung scheint mir darin zu bestehen, alle Zeugnisse in einer PDF-Datei zusammenzufassen, den Lebenslauf in einer weiteren und das Anschreiben in einer dritten Datei. Dadurch kann der Bewerber bzw. die Bewerberin die Zeugnisdatei einmalig erstellen und danach ständig „wiederverwenden". Auch der Lebenslauf kann so für mehrere Bewerbungen Verwendung finden. Lediglich das Anschreiben muss bei jeder Bewerbung neu verfasst werden.

- Anhänge versenden Sie bitte nur im oben erklärten PDF-Format und nicht als Word- oder gar JPEG-Dateien. Als Dateiformat für den E-Mail-Anhang sind PDF-Dateien deshalb die ideale Wahl, da die Dateien im Normalfall beim Personaler so ankommen (und ausschauen), wie man(n)/frau sie losgeschickt hat. ZIP-Dateien sollten ebenfalls vermieden werden, da derzeit viele Schädlinge in ZIP-Dateien „versteckt" werden und manche Unternehmen dieses Format nicht mehr erlauben. So werden ZIP-Dateien oft automatisch von den Unternehmens-Firewalls blockiert und kommen gar nicht in der Personalabteilung an bzw. können – falls sie dann doch ankommen – zum Teil nicht von allen Bearbeitern geöffnet werden. Passbilder bitte nicht als einzelne Datei der E-Mail anhängen und auf einen aussagekräftigen Dateinamen des Anhangs achten, z.B. „Max_Mustermann_Lebenslauf.pdf". Insbesondere sollte der Bewerbername bei den Bezeichnungen eingefügt werden.

- Komprimieren Sie die Dateianhänge soweit wie möglich. Die Gesamtgröße einer E-Mail-Bewerbung sollte 5 Megabyte nicht überschreiten.

- Bewerber sollten keine E-Mail-Lesebestätigung anfordern. Letzteres „nervt" den Personaler, da es vergleichbar mit einem Einschreiben bei der Briefpost ist.

- Senden Sie sich doch selbst (oder einem Bekannten) zum Start probeweise Ihre E-Mail-Bewerbung zu, um zu überprüfen, ob alles korrekt ankommt.

4. Vor der Bewerbung

Wo finde ich Stellenangebote, die zu mir passen und auf die ich mich bewerben könnte?

Nun, zweifelsohne stellt das Internet heutzutage den am stärksten von Unternehmen genutzten Rekrutierungsweg dar, während die Schaltung von Stellenanzeigen in den klassischen Printmedien sukzessive zurückgeht.

Ich beobachte, dass Unternehmen im Internet vorrangig auf die folgenden Suchwege setzen, um geeignete Kandidaten für ihre vakanten Positionen zu identifizieren:

- Online-Jobbörsen,

- firmeneigene Website,

- Web 2.0-Anwendungen (insbesondere Facebook, XING).

In anderen Ratgebern erhalten Sie an dieser Stelle oftmals eine Aufzählung von mehreren Online-Jobbörsen. Davon halte ich wenig.

Derzeit existieren in Deutschland über 1.700 solcher Online-Jobbörsen, die verschiedene Ansätze verfolgen. So gibt es bspw. „Generalisten", regional ausgerichtete Portale, auf bestimmte Zielgruppen spezialisierte Portale sowie Portale, die als „Meta"-Jobsuchmaschine die Stellenanzeigen mehrerer Online-Jobbörsen zusammentragen. Des Weiteren ist dieser Markt dynamisch.

Praxistipp:

Ich rate Ihnen, eine auf Ihre persönlichen Ziel- und Wunschvorstellungen bzw. Ihre Lebenssituation ausgerichtete Jobbörse auszuwählen. Sie sind frisch gebackener Universitäts-Absolvent der Fachrichtung IT? Dann empfehle ich Ihnen, bspw. auf ein IT-Absolventen-Portal zuzugreifen. Als gestandener Jurist sind Sie vermutlich bei einem juristischen Portal besser aufgehoben. Sie sind regional limitiert? Dann sollten Sie eine regionale Jobbörse nutzen.

Einen sehr guten, aktuellen und kategorisierten Überblick über Online-Jobportale erhalten Sie unter

http://crosswater-job-guide.com/jobborsen-von-a-z

Ich möchte an dieser Stelle noch auf eine weitere Facette eingehen, nämlich die Stellenangebote von Unternehmen auf ihrer „firmeneigenen Website".

Mir ist nämlich aufgefallen, dass etliche – gerade regionale und/oder kleine und mittelständische – Unternehmen sehr interessante Stellenanzeigen auf ihrer eigenen Firmen-Website ausschreiben, letztere aber kaum wahrgenommen bzw. besucht wird. Leider finden Sie die hier angesprochenen Stellenanzeigen oftmals auch nicht in den Online-Jobbörsen, da dort weder eine – häufig kostenpflichtige – Anzeige geschaltet wurde noch eine Meta-Jobsuchmaschine die Anzeige im Internet vervielfältigt hat. Deshalb ist hier Ihre eigene Recherche gefragt...

Nehmen Sie sich Bleistift und Papier zur Hand und erstellen Sie sich eine Liste interessanter Unternehmen (Branche etc.), die innerhalb Ihres Mobilitätsradius liegen. Sprechen Sie auch mit Freunden, Bekannten, Nachbarn und halten Sie beim Durchfahren der Industriegebiete Ihres Wohnortes die Augen offen.

Im zweiten Schritt „googeln" Sie die soeben identifizierten Unternehmen, indem Sie die Suchmaschine mit Namen und Ort füttern. In aller Regel dürfte Ihnen die Suchmaschine Ihres Vertrauens als Resultat Ihrer Suche die Unternehmens-Website auswerfen. Suchen Sie nun auf dieser nach einer Rubrik, die „Stellenangebote", „Jobs" oder „Karriere" heißt. Achtung: Manche Unternehmen „verstecken" ihre vakanten Positionen auch unter der Rubrik „Aktuelles" – warum auch immer...

Abschließend ein weiterer Tipp: Gerade kleinere Unternehmen verwenden ihre Facebook-Unternehmensseite, um – oftmals zwischendurch und auch nicht immer sonderlich strukturiert – das eine oder andere Stellenangebot zu posten. So hat bspw. eine Rintelner Kfz-Werkstatt einen erfahren KFZ-Mechatroniker ausschließlich über Facebook gesucht. Woanders war diese Stelle nicht ausgeschrieben.

Praxistipp:

Abonnieren Sie die Facebook-Unternehmensseiten von potentiell interessanten Arbeitgebern. Sie erhalten so laufend aktuelle Beiträge des Unternehmens zugestellt.

Nun zur konkreten Stellenanzeige: Aufgrund meiner Erfahrungen mit inzwischen weit mehr als 1.500 eingegangenen Bewerbungen möchte ich Ihnen als Erstes einen – wie ich finde – entscheidenden Tipp für Ihre Bewerbung geben:

Lesen Sie bitte unbedingt die Stellenanzeige gründlich! Eine Stellenanzeige besteht immer aus zwei wichtigen Bausteinen:

- Aufgabenbeschreibung für die Stelle,

- Anforderungen an den Bewerber.

Wichtig für Ihr späteres Anschreiben: Berücksichtigen Sie bitte immer beide Bausteine.

Hintergrund: Bevor eine Stellenanzeige geschaltet wird, definieren Unternehmen oder deren Personalberater ein Anforderungsprofil an eine Stelle (oft auch eine Stellenbeschreibung). Darin wird festgelegt,

- welche Aufgaben anfallen,

- welche Befugnisse/ Kompetenzen erteilt werden,

- mit welchen Mitarbeitern und Abteilungen zusammengearbeitet wird,

- welche Fähigkeiten der Bewerber (m/w) mitbringen soll bzw. welche Anforderungen an Ausbildung, Erfahrungen und Spezialkenntnisse gestellt werden.

In diesem Zusammenhang möchte ich in einem kleinen Exkurs diejenigen Zeitgenossen vorstellen, mit denen Sie als Kandidat (m/w) – neben den Personalverantwortlichen des Unternehmens – zu tun haben können:

Begriffserklärungen

Personalberater, Headhunter, Executive-Search, Direktansprache, Private Arbeitsvermittlung

Zunächst ist zu betonen, dass der Begriff „**Personalberater**" nicht geschützt ist und dass es im Web keine einheitlichen Definitionen bzw. Begriffsbestimmungen gibt. Im Gebrauch der obigen Begriffe finden sich vielmehr inhaltliche Überschneidungen, die – bei Unternehmern und Bewerbern – oftmals zu erheblichen Unklarheiten führen.

Der eigentliche Unterschied besteht nach meiner Auffassung in der Vorgehensweise im Rahmen des Suchprozesses.

Personalberater suchen im Rahmen ihrer Dienstleistung Fach- und Führungskräfte mittels Direktansprache(n) und/oder Anzeigenschaltung(en). Sie bieten darüber hinaus ggf. weitere Beratungsfelder an, worauf hier nicht näher eingegangen werden soll.

Also: Personalberater setzen üblicherweise zwei Methoden ein:

1. Anzeigengestützte Suche,

2. Direktsuche (engl. „Direct Search").

Oftmals kommt auch eine Kombination dieser beiden Methoden zum Einsatz.

Konkret übernimmt der Personalberater (m/w) für das suchende Unternehmen die ersten Prozessschritte der Stellenbesetzung. So werden Bewerbungen gesichtet und mit interessanten Kandidaten (m/w) erste Gespräche geführt. Dem Auftrag gebenden Unternehmen werden dann lediglich wenige vorsortierte Kandidatenprofile vorgelegt. Aufgrund dieser komprimierten Kandidatenprofile entscheidet anschließend der Auftraggeber, mit welchen Kandidaten gesprochen werden soll.

Für Sie als Bewerber bedeutet dies im Normalfall, dass drei Gespräche stattfinden: Das erste Gespräch führen Sie mit dem Personalberater. Es findet häufig in irgendwelchen Lobby-Cafés etc. statt. Ist das erste Gespräch für Sie erfolgreich verlaufen, so wird ein weiteres Gespräch – gemeinsam mit Personalberater und Firmenvertreter – anberaumt. Das abschließende Gespräch (in dem dann endlich auch Ihr Gehalt ausverhandelt wird!!!) findet nur noch mit dem Unternehmensvertreter statt.

Am Rande: Da das suchende Unternehmen Auftraggeber des Personalberaters ist, zahlen Sie als Kandidat (m/w) für dessen Dienstleistung natürlich nichts. Dies gilt ebenfalls für das Honorar des – noch zu behandelnden – Headhunters. Ich rate trotzdem an, dass Sie sich sicherheitshalber vergewissern sollten, ob der Personalberater honorarfrei für Sie tätig wird. Bitte einfach fragen!

Bei der sog. **Direktansprache** handelt es sich um die aktive Ansprache eines potentiellen Kandidaten bzw. einer potentiellen Kandidatin durch den Personalberater.

Sie ist vordringlich dadurch gekennzeichnet, dass sich der Personalberater eben nicht darauf verlässt, dass sich ein geeigneter Kandidat bzw. eine geeignete Kandidatin bei ihm bewirbt. Er macht sich stattdessen – im Gegensatz zur anzeigengestützten Suche – aktiv auf die Suche nach dem „Ideal-Kandidaten" bzw. der „Ideal-Kandidatin".

Hat der Personalberater diesen Kandidaten bzw. diese Kandidatin identifiziert, so wird er ihn bzw. sie auf direktem Wege gezielt ansprechen und zu einem Wechsel zu seinem Auftraggeber zu bewegen versuchen.

„Executive-Search"-Berater konzentrieren sich auf zu besetzende Positionen im Spitzensegment bzw. suchen ausschließlich „Top"-Führungskräfte.

Sie gehen im Regelfall ausschließlich über Direktansprache vor und geben keine Stellenanzeigen auf, da ihre Zielgruppe auch nicht auf Stellenanzeigen reagieren würde.

In Deutschland haftete dem Executive Search in der Anfangszeit in den 50er Jahren ein zweifelhafter Ruf an, da damals vor allem das „Abwerben" vermeintlich loyaler und zufriedener Mitarbeiter kritisch betrachtet wurde.

„Executive – Search" - Berater sind der Gruppe der „Personalberater" zuzuordnen. Nach meinem Verständnis kommen sie dem angelsächsischen Begriff des „Headhunters" am nächsten.

Als **„Headhunter"** werden wiederum diejenigen Personalberater bezeichnet, die sich ausschließlich der Methodik der Direktansprache bedienen, um Führungskräfte bzw. Spezialisten für ihre Auftrag gebenden Unternehmen zu gewinnen.

Letztendlich bedeutet dies, dass Headhunter geeignete Kandidaten identifizieren (beispielsweise in vergleichbaren Positionen bei der Konkurrenz), diese Kandidaten ansprechen und für eine Tätigkeit bei ihrem Auftraggeber begeistern wollen.

Im Normalfall sollten Headhunter dazu in der Lage sein, ihren Auftraggebern geeignete Kandidaten rasch zu präsentieren, da sie aktiv vorgehen.

Am Rande: Nach meiner Überzeugung können in den kommenden Jahren anspruchsvolle Positionen – insbesondere in strukturarmen Regionen – ohnehin nur noch besetzt werden, indem potentielle Kandidaten identifiziert und direkt angesprochen werden.

In der Praxis sind die Grenzen zwischen den oben genannten Tätigkeiten häufig fließend und sie „verschwimmen" mehr und mehr.

Nach meiner Auffassung gehört es zum Handwerkszeug eines guten Beraters, für das jeweilige Projekt die richtige Suchstrategie und den besten Mix aus aktiven und passiven Methoden auszuwählen, um so den geeignetsten Kandidaten bzw. die geeignetste Kandidatin zu finden.

Dabei ist es weniger von Bedeutung, wie man den Berater und dessen Tätigkeit nennt.

Abschließend noch zur **„privaten Arbeitsvermittlung"**. Wie der Name bereits andeutet, versuchen hier private Unternehmen, Anbieter und Nachfrager zusammenzubringen und so einen Vertragsabschluss für ein Beschäftigungsverhältnis zu erzielen.

Die Bundesagentur für Arbeit kann diese Form der „Unterstützung" durch private Unternehmen als Ergänzung zur öffentlich-rechtlichen Vermittlung durch die Ausgabe sogenannter Aktivierungs- und Vermittlungsgutscheine an Arbeitssuchende fördern. Zielsetzung: Zuvor arbeitslose Personen aus dem Leistungsbezug wieder in „Lohn und Brot" zu bringen.

Zurück zum eigentlichen Thema, nämlich der Erstellung des Anforderungsprofils.

Kurz: Es wird – normalerweise im Zusammenspiel von Fach- und Personalabteilung – ein Profil entworfen, in das der ideale Kandidat (m/w) passen soll.

Praxistipp:

Bei jeder Anzeige, die das Interesse des Bewerbers oder der Bewerberin weckt, sollte der Bewerber die für ihn wichtigen Informationen individuell herauszuarbeiten und mit seinem Profil abgleichen („Was will das Unternehmen?", „Was bringe ich dafür mit?").

Im Anschreiben beschreibt der Bewerber oder die Bewerberin dann die aus diesem Vergleich resultierende Schnittmenge.

Merke deshalb zum Anschreiben: „Individuell" anstatt „Bausteine"!!!

Aus meiner Sicht macht ein Anschreiben, das einfach für mehrere Bewerbungen kopiert wird, keinen Sinn, da der eben dargestellte Abgleich nicht erfolgt sein dürfte.

Natürlich sind nicht alle Stellenanzeigen auf den ersten Blick verständlich. Einigen Stellenangeboten fehlen sogar wichtige Informationen. Wieder andere weisen sehr hohe Anforderungen auf.

Liegt Ihnen nun eine Stellenbeschreibung vor, so könnten Sie wie folgt vorgehen:

1. Aufgabenbeschreibung (aus Sicht des Bewerbers)

   Im ersten Schritt überprüfen Sie bitte die Aufgabenbeschreibungen und analysieren, ob und welche Aufgaben Sie selbst bereits in vergleichbarer Form in Ihrem jetzigen oder bisherigen Aufgabengebiet oder auch in Praktika oder Ausbildung bearbeitet haben. Ehrliche Frage: „Kann ich das schaffen und bin ich auch geeignet, diese Aufgabe(n) zu meistern?"

2. Anforderungen / Qualifikationen (aus Sicht des Bewerbers)

Im Anschreiben stellen Sie dann bitte Ihre konkrete Bezugnahme auf die in einer Stellenanzeige genannten fachlichen Anforderungen und auf Ihre konkrete Erfahrung zu diesen Anforderungen heraus. Damit erfüllen Sie den Wunsch des Arbeitgebers nach klarem Bezug zu Unternehmen und Position.

Der Personaler wird im Regelfall seine Stellenanzeige präzise und zielgruppenspezifisch formulieren. Er ist nämlich bestrebt, nicht etwa möglichst „viele", sondern möglichst die „richtigen" Bewerbungen zu erhalten. Letztendlich sucht er den einen Bewerber bzw. die eine Bewerberin, der/die tatsächlich über die geforderten Fähigkeiten und Eigenschaften verfügt.

Unternehmen unterscheiden bei den Anforderungen in einer Stellenanzeige im Normalfall zwischen sogenannten „Muss"- und „Kann"- Anforderungen. „Muss"-Anforderungen sind für die Einstellung unabdingbar, also zwingend erforderlich. „Kann"-Kriterien wären hingegen „nur" wünschenswert.

„Muss"-Kriterien

Sie erkennen die Muss-Kriterien an den folgenden Signalwörtern:

- Voraussetzung sind sehr gute Kenntnisse in...

- ...wird vorausgesetzt...

- Kenntnisse in... sind aufgrund von... unabdingbar

- Ein... setzen wir ebenso voraus wie...

- ...unbedingt notwendig...

- Wir erwarten...

- ...nur berücksichtigt, wenn...

- Sie verfügen über...

Wie gesagt handelt es sich bei „Kann"-Kriterien um Qualifikationen, die – falls fehlend – nicht gleich zur Absage führen. Bewerber sind allerdings im Vorteil, wenn sie auch einige Kann-Kriterien <u>mit Praxisbeispielen belegen</u> können.

„Kann"-Kriterien

- Idealerweise verfügen Sie über...

- Kenntnisse in... sind wünschenswert, aber nicht Bedingung

- Weitere Kenntnisse in... sind/wären von Vorteil

- ...wären vorteilhaft...

- ...vorzugsweise...

- ...wünschenswert...

Wenn Sie die „Muss"-Anforderungen einer Stellenanzeige weitestgehend abdecken und zusätzlich noch das eine oder andere „Kann"-Kriterium erfüllen, dann sollten Sie sich auf die Stelle bewerben!

Praxistipp:

Ein praktikabler Vorschlag zum Vergleich der Anforderungen mit den eigenen Qualifikationen:

Markieren Sie die Muss- und Kann- Kriterien der Anzeige, die Sie erfüllen, mit zwei unterschiedlichen Leuchtstift-Farben.

Gleichen Sie die Markierungen nun mit ihrem eigenen Profil ab. (Was will das Unternehmen? Was bringe ich dafür mit?)

Im Anschreiben beschreiben Sie dann die aus diesem Vergleich resultierende Schnittmenge, indem Sie zu den wichtigsten Anforderungen (= „Muss"-Kriterien) wie bspw. Studium, langjährige Berufserfahrung, sehr gute ...-kenntnisse Stellung beziehen und konkrete Praxisbeispiele nennen.

Überlegen Sie sich insbesondere nachweisbare Beispiele, wie Sie die Erfüllung dieser Anforderungen anhand

Ihres bisherigen beruflichen Werdegangs belegen bzw. beweisen können.

Wenn Sie derartig vorgehen, werden Sie ein sehr individuelles Anschreiben erstellen und benötigen keine Musterschreiben etc.

Merke zum Anschreiben: „Individuell" anstatt „Bausteine" !!!

Manche Anforderungen werden in Stellenanzeigen aus rechtlichen Gründen (z.B. „AGG") zwischen den Zeilen versteckt. Zum Beispiel beim Thema Alter: „Wir bieten Ihnen ein junges und kreatives Umfeld". Hier sollten Sie sich nicht bewerben, wenn Sie älter als ... sind (da offenkundig junge Menschen angesprochen werden sollen). Ich selbst arbeite mit derartigen versteckten Anforderungen nicht.

Bevor Sie sich auf eine Stellenausschreibung bewerben, empfehle ich Ihnen, das Stellenangebot genau zu lesen und ein klein wenig über das Unternehmen im Internet zu recherchieren. Als Hilfestellung können Sie dazu die folgende Checkliste kopieren und verwenden:

Checkliste 1: Unternehmens- und Stellenanalyse
Was macht das Unternehmen? Tätigkeitsfeld(er)...
Ist das Unternehmen selbständig oder gehört es zu

einem Konzern? Größe, Alter des Unternehmens?

Hat das Unternehmen ein gutes Image?

Wie ist das Unternehmen beim Arbeitgeber-Bewertungsportal www.kununu.com bewertet?

Gab es in der jüngeren Vergangenheit in der lokalen Presse Berichte über wirtschaftliche Schwierigkeiten (z.B. Kurzarbeit)? Tipp: Einfach einmal das Unternehmen googeln!!!

Ist das Unternehmen in einer Branche tätig, die positive Zukunftsaussichten hat?

Haben Sie bereits Erfahrungen in der Branche, in der das Unternehmen tätig ist?

Falls Ihnen die obigen Branchenkenntnisse fehlen: Was qualifiziert Sie dennoch für diesen Job?

Wirkt das Unternehmen eher konservativ, ruhig oder

fortschrittlich, dynamisch mit Tempokultur?

Passen Sie als Persönlichkeit und vom Alter her in das Unternehmen/zur ausgeschriebenen Position?

Ist die Stellenanzeige in den letzten Wochen/Monaten bereits mehrmals erschienen?

Wie ist das Verhältnis zwischen dem, was das Unternehmen in der Anzeige bietet und einfordert?

Nennt das Unternehmen Gründe für die aktuelle Suche (z.B. Ruhestand des Stelleninhabers)?

Lassen sich Ihre Gehaltsvorstellungen realisieren?

Passt die räumliche Entfernung auch längerfristig in Ihre Lebensplanung? Nach meiner Erfahrung wechseln Mitarbeiter nach rund 1 ½ Jahren, wenn ihnen die „Fahrerei" zu viel wird.

Bedeutet die ausgeschriebene Position für Sie eher einen „Karriereknick" oder eine Weiterentwicklung?

Seien Sie bitte ehrlich zu sich...
Gibt es Vorteile gegenüber Ihrer jetzigen/alten Stelle? „Was man... wegwirft, bekommt man woanders...“
Für Ihre persönliche Lebensplanung und Weiterentwicklung: Welche Ihrer Kenntnisse und Fähigkeiten brauchen Sie in dem Job und welche würden vielleicht längerfristig „abgewertet“ werden?
Entsprechen Ihre Qualifikationen dem Stellenprofil?
Gibt es Mindestanforderungen („Muss“) an die Bewerber?
Welche „Kann“-Wünsche hat das Unternehmen an den Bewerber?
Verfügen Sie über spezielle Kenntnisse, die Ihnen einen Vorteil gegenüber anderen Bewerbern verschaffen könnten (z.B. Branchenkenntnisse, Fortbildungen)? Alleinstellungsmerkmal...

Werden spezielle Aufgaben genannt, für die Sie aufgrund besonderer Projekte in Ihrer bisherigen beruflichen Laufbahn besonders geeignet sind?

Wird eine „Deadline" genannt, bis zu der Bewerbungen angenommen werden?

Welche Unterlagen werden auf welchem Bewerbungswege erwartet? Ist der Adressat namentlich genannt?

Fazit:

Als Bewerber/Bewerberin sollten Sie Ihre Energie auf solche Bewerbungen konzentrieren, bei denen sie sich mit der Stelle und deren Aufgaben, den Anforderungen und dem Unternehmen identifizieren und dafür konkrete Beispiele aus dem eigenen Werdegang liefern können.

Selbst bei vermeintlich „tollen" Stellenausschreibungen gilt: Vermeiden Sie Bewerbungen, deren Anforderungsprofil Sie gar nicht erfüllen können, sondern sparen Sie Ihre Zeit, Ihre Nerven und Ihr Geld durch gezielte Bewerbungen auf Stellen, die Ihren Kenntnissen und Fähigkeiten und Kenntnissen entsprechen!

Breiter gestreute Bewerbungen dürften sowieso keinen Erfolg versprechen, da der professionelle Personaler oder die professionelle Personalerin Ihre Lücken oder Defizite schon anhand Ihres Anschreibens aufdecken dürfte.

5. E-Mail-Bewerbung versus Online-Bewerbungsformular

Wie bereits weiter oben angedeutet, entspricht eine E-Mail-Bewerbung grundsätzlich einer klassischen Bewerbung, die jedoch nicht per Post, sondern per E-Mail an das Unternehmen geschickt wird. Von einer Online-Bewerbung spricht man hingegen, wenn man sich direkt auf der Website des Unternehmens über ein dort bereitgestelltes „Formular" bewirbt. Neben den vorgenannten Firmen-Websites bieten oftmals auch Jobbörsen, Karriereseiten und vergleichbare Portale Jobsuchenden die Möglichkeit, ein Profil zu hinterlegen.

Die Online-Bewerbung auf der Website des Unternehmens ermöglicht dem Personaler/ der Personalerin einen direkten Vergleich aller Bewerber, da die Bewerbungen im Regelfall automatisiert in ein softwaregestütztes Bewerbermanagementsystem übergeben werden, das wiederum zahlreiche Auswertungsmöglichkeiten für den Personaler bereithält.

Die Schritte einer Online-Formular-Bewerbung sind natürlich von Unternehmen zu Unternehmen unterschiedlich. Die Vorgehensweise ist jedoch stets durch Online-Assistenten selbsterklärend. Als Bewerber haben Sie grundsätzlich die Möglichkeit, bestimmte vorgegebene Begriffe anzukreuzen, Ihre Unterlagen als PDF-Dateien anzuhängen und ggf. auch vorgegebene Freitextfelder auszufüllen.

Bereits bei der Eingabe werden Unrichtigkeiten, Falscherfassungen etc. systembedingt (vor endgültigem Versand) ausgeschlossen. So kann der Bewerber bzw. die Bewerberin im Normalfall fehler- bzw. lückenhafte Datensätze gar nicht an das Unternehmen übergeben.

Auch ist die Formularerfassung oftmals mit einem Zeitlimit versehen. Dauern Ihre Eingaben zu lange, so werden Sie vielleicht aus dem System geworfen und müssen von vorne beginnen („Server-Time-Out").

Praxistipp zum „Server-Time-Out":

Bietet Ihnen das Online-Formular die Möglichkeit einer „Zwischenspeicherung" Ihrer Daten, so machen Sie bitte regelmäßig davon Gebrauch.

Derartige Schwierigkeiten haben Sie beim Zusammenstellen Ihrer E-Mail-Bewerbungsmappe selbstredend nicht.

Praxistipp zur Online-Bewerbung:

Anlagen wie PDF-Lebenslauf und PDF-Zeugnisse sollten in Ruhe vor Abgabe einer Online-Bewerbung erstellt werden und dann nur noch „hochgeladen" werden.

Online-Formulare, die auf Jobbörsen, Stellenportalen etc. ausgefüllt werden können, sind m.E. differenzierter zu betrachten. Einerseits haben Sie die Möglichkeit, sich einer Vielzahl an potentiellen Arbeitgebern vorzustellen, andererseits können Sie nur sehr allgemeine Angaben machen, da Ihnen eine konkrete Stellenausschreibung fehlt. Genauer betrachtet fehlt es Ihnen sogar an einer konkreten Information, bei welchem Arbeitgeber und in welcher Branche Sie sich vorstellen. Dies widerspricht meinem Ansatz, sich möglichst zielgerichtet zu bewerben und die eigenen Bewerbungsunterlagen entsprechend anzufertigen bzw. auszurichten. Ich werde auf dieses Thema im siebten Abschnitt zurückkommen.

Anstatt auf einem Online-Jobportal ein allgemeines Formular auszufüllen, rate ich an, sich bei Business-Netzwerken wie XING oder LinkedIn ein Profil einzurichten. Diese beiden Portale sind zwar nicht speziell auf Bewerbungen ausgerichtet, hier wird man jedoch wahrgenommen. Da etliche Personalverantwortliche, Personalberater etc. gezielt derartige Profile nach bestimmten „Keywords" durchsuchen (die Portalbetreiber stellen den Personalberatern dafür spezielle Tools zur Verfügung), stehen Ihre Chancen gar nicht so schlecht, dort „entdeckt" und angesprochen zu werden. Hinzu kommt, dass Sie bspw. bei XING Ihr Profil nach eigenem Gusto gestalten und auch freier formulieren können, als bei reinen Online-Formularen. Letztendlich sind Sie in Ihren Angaben nicht durch Formularfelder limitiert.

Ich erachte derartige Portale als so wichtig, dass ich XING im achten Abschnitt gesondert erläutere.

Die E-Mail-Bewerbung erlaubt dem Bewerber bzw. der Bewerberin mehr individuelle Freiheiten, als sie Online-Bewerbungsformulare bieten können (und sollen). Insbesondere Fakten, die der Bewerber/ die Bewerberin als wichtig erachtet und die ein Online-Formular gar nicht vorsieht, können hier zusätzlich angeführt werden.

Fordert ein Unternehmen von Ihnen lediglich eine Kurzbewerbung, so hat diese die folgenden Bestandteile aufzuweisen:

Bestandteile Kurzbewerbung:

- Individuelles Anschreiben,

- Lebenslauf mit Foto,

- ggf. letztes Arbeitszeugnis, alternativ Zwischen-zeugnis Ihres jetzigen Arbeitgebers.

Eine Kurzbewerbung versenden Sie jedoch nur dann, wenn diese explizit erbeten wird. Ansonsten kommen Sie nicht darum herum, eine aussagekräftige und voll-ständige Bewerbung zu erstellen.

Kurzbewerbungen eignen sich sehr gut, um bspw. auf einer Job-Messe Kontakt aufzunehmen.

Im Rahmen Ihrer Kurzbewerbung sollten Sie moderat Ihre Selbstpräsentation in den Vordergrund stellen, da Sie oftmals – z.B. bei der vorgenannten Job-Messe – gar keine Anhaltspunkte haben, wen das Unternehmen konkret sucht.

6. E-Mail-Bewerbung

6.1. Anschreiben

Zunächst: Im Bewerbungsanschreiben stellen Sie in kurzer und prägnanter Form dar,

- warum Sie in diesem Unternehmen arbeiten möchten,

- worin Ihre Qualifikationen und Stärken bestehen,

- warum das Unternehmen gerade Sie einstellen sollte.

Praxistipp:

Schauen Sie sich bitte einmal eines Ihrer aktuell verwendeten Anschreiben an.

Markieren Sie in einem ersten Schritt mit einem Leuchtstift die folgenden Worte: „Ich", „mir" und „meine".

In einem zweiten Schritt markieren Sie nun bitte mit einer anderen Farbe die Worte „Ihr Unternehmen", „Sie" etc.

Kann es sein, dass das Resultat Ihrer Markierungen dergestalt ausfällt, dass Sie fast nur von sich berichten, aber kaum Ihren potentiellen Arbeitgeber ansprechen?

Das sollten Sie ändern! Wichtig ist, dass Sie Ihrem potentiellen Arbeitgeber **Nutzen** bieten. Zeigen Sie ihm im Anschreiben auf, was Sie für ihn tun können und nicht, was Sie irgendwo anders einmal getan haben, ohne dass er einen Bezug zu seinem Unternehmen zu erkennen vermag.

Wie das im Detail funktioniert, zeige ich Ihnen auf den folgenden Seiten.

Zunächst einige Formalia: Der Umfang des Anschreibens darf nicht mehr als 1 DIN-A4-Seite betragen. Nur bei einer Geschäftsführer-/ Vertriebsleiter-Position etc. akzeptiere ich einen Umfang von maximal 1 ½ Seiten.

Das Anschreiben erlaubt Aussagen zu einigen wichtigen Eigenschaften des Bewerbers bzw. der Bewerberin:

- Fähigkeit, sich klar und deutlich auszudrücken,

- Fähigkeit, Sachverhalte interessant darzustellen, ohne „reißerisch" zu wirken,

- Sorgfalt beim Lesen der Ausschreibung/-anzeige und beim Abfassen des Schreibens,

- Konzentration auf Kernpunkte,

- Kenntnisse der Rechtschreibung und Zeichensetzung.

Stelle ich als Personalberater fest, dass ein Kandidat oder eine Kandidatin – immer im Hinblick auf sein/ihr zukünftiges Arbeitsgebiet – die vorgenannten Kriterien bereits im Anschreiben nicht erfüllt, so werde ich keine Einladung zu einem Gespräch aussprechen.

Praxistipp:

Das Anschreiben platzieren Sie am besten nicht direkt in der E-Mail, sondern als Anlage (separate PDF-Datei im E-Mail-Anhang).

Zwar ist dieser Vorschlag in der Literatur umstritten (es haben sich zwei Sichtweisen herausgebildet), jedoch überwiegen in meinen Augen die Vorteile gegenüber einem reinen Anschreiben im E-Mail-Editor. Durch die von mir vorgeschlagene Vorgehensweise geben Sie dem potentiellen Arbeitgeber die Möglichkeit, Ihr Anschreiben komfortabel auszudrucken. Insbesondere Personalberater drucken die Bewerbungen aussichtsreicher Kandidaten (m/w) aus, um sie in einer ansprechenden Mappe im persönlichen Gespräch mit deren Auftraggeber (also Ihrem potenziellen Arbeitgeber) zu besprechen. Außerdem schaut ein DIN-A4-Anschreiben gefälliger aus. Ferner werden in E-Mail-Texten Umlaute oft nicht korrekt übermittelt. Abschließend habe ich bereits selbst beobachtet, dass Arbeitgeber lediglich die Anhänge einer E-Mail ausdrucken, den eigentlichen E-Mail-Text aber beim Drucken „vergessen". In der eigentlichen E-Mail weisen Sie dann nur kurz auf die Anlage(n) hin.

Ein Formulierungsvorschlag:

„Sehr geehrte(r) [Ansprechpartner(in)],

anbei erhalten Sie meine Bewerbung für die Position als [XYZ].

Weshalb ich die Stelle optimal ausfüllen kann und Ihrem Unternehmen durch meine Erfahrung im [XYZ] und der [XYZ] zahlreiche Vorteile biete, entnehmen Sie bitte meinen detaillierten Bewerbungsunterlagen im Anhang zu dieser E-Mail.

Ich freue mich auf ein persönliches Vorstellungsgespräch.

Mit freundlichen Grüßen

[Vorname Name]"

Noch einmal zur Vertiefung: Wenn Sie das o.g. Kurzanschreiben direkt in Ihrer E-Mail platzieren und es Ihnen gelingt, sämtliche Anlagen in <u>einer einzigen</u> Datei zusammenzufassen, so gilt hinsichtlich der Sortierung Ihrer Unterlagen in dieser Datei die folgende Reihenfolge:

1. Anschreiben

2. Deckblatt

3. Lebenslauf

4. Zeugnisse

5. Zertifikate

Ich halte wenig davon, zunächst mit dem Deckblatt zu beginnen. In der Literatur finden sich hierzu – wie so oft im Leben – mehrere Sichtweisen. Als ich dieses Thema mit einer berufserfahrenen Kollegin diskutierte, wies diese mich – neben meinen Argumenten – noch darauf hin, dass es freundlicher wirke, wenn der Personaler, an den die Bewerbung adressiert ist, zunächst das an ihn gerichtete Anschreiben erblickt.

Praxistipps: Platzierung des Anschreibens

- Bitte niemals das ausführliche Anschreiben doppelt der Bewerbungs-E-Mail beifügen, indem Sie es a) in den E-Mail-Text eingeben und b) zusätzlich als Datei im Anhang platzieren.

- Die elegante Variante besteht darin, ein Kurzanschreiben in den E-Mail-Text einzugeben und das ausführliche Anschreiben als Datei im Anhang mitzuschicken. In diesem Fall sollte das Anschreiben in der „PDF"-Datei an erster Stelle einsortiert werden.

- Wenn Sie – entgegen meiner Sichtweise – Ihr Anschreiben ausschließlich als E-Mail-Text verschicken möchten, ist dies natürlich auch legitim. Sie sollten es dann aber gar nicht mehr in Ihrer „PDF"-Datei platzieren, sondern dort Ihr Deckblatt zuoberst einfügen.

Die Bewerbungs-E-Mail:

Eingeleitet wird die E-Mail-Bewerbung mit der Grußformel. Benennen Sie hierbei den konkreten Ansprechpartner:

„Sehr geehrte Frau XYZ..."

Recherchieren Sie den Ansprechpartner bzw. die Ansprechpartnerin vorab sorgfältig (z.B. auf der Website). Findet sich kein Ansprechpartner auf der Website, so geben Sie doch einfach einmal „Personalleiter Firma ABC" oder „Personalreferent Firma ABC" in den Google-Suchschlitz ein. Manchmal tauchen dann bspw. Nachrichten, Zeitungsartikel etc. in den Google-Suchergebnissen auf und Sie können den Ansprechpartner so identifizieren.

Sprechen Sie Ihren Ansprechpartner bzw. Ihre Ansprechpartnerin immer mit „Sie" an.

Den Abschluss bildet die neutrale Grußformel

„Mit freundlichen Grüßen"

sowie die Angabe Ihrer Adress- und Kontaktdaten. Letztere bitte nicht vergessen!!!

Hier ist natürlich keine eigenhändige Unterschrift Pflicht.

Die meisten Bewerber setzen statt einer Unterschrift einfach Ihren Namen in Druckbuchstaben unter die Grußformel.

Vermeiden Sie bitte in Ihrer E-Mail Formatierungen (z.B. Fett, Kursiv, Farbig, ...).

Wie bereits weiter oben ausgeführt: In die Betreffzeile der E-Mail-Bewerbung sollte man unbedingt eingeben, auf welche Stelle man sich bewirbt. So kann der Personaler die Bewerbung sofort richtig zuordnen.

Formulieren Sie deshalb einen kurzen und präzisen E-Mailbetreff, z.B.

„Bewerbung als ... - Ihre Stellenanzeige vom ... - Referenz 0815..."

Das Wort „Betreff" bitte weglassen.

Vermeiden Sie Betreffzeilen wie „Meine Bewerbung", „Bewerbungsunterlagen" oder „Unser Telefonat". So aussageschwache Betreffzeilen erzeugen beim Bearbeiter Mehrarbeit. Denn er muss zunächst einen Blick in die Unterlagen werfen, um die Bewerbung einordnen zu können. Das macht keinen guten ersten Eindruck, insbesondere wenn man als Personalreferent viele Bewerbungs-E-Mails durcharbeiten muss.

Ein weiteres Beispiel für eine sinnvolle Betreffzeile:

> *„Bewerbung auf Trainee-Stelle – Referenz-Nr. 123456 – Ihre Ausschreibung vom…"*

Das eigentliche Anschreiben formulieren Sie bitte in „Word" (wenn Sie „LibreOffice" oder „OpenOffice" verwenden: „Writer").

Bevor Sie loslegen, an dieser Stelle ein – wie ich finde – überlegenswerter Hinweis.

Praxistipp:

Erstellen Sie doch Ihr Anschreiben, Ihr Deckblatt und Ihren Lebenslauf in einer einzigen „Word"- oder „Writer"- Datei. So müssen Sie später nur eine einzige Datei in das „PDF"-Format umwandeln.

Diesen Hinweis, den mir eine meiner Umschülerinnen bei einem beruflichen Bildungsträger gab, ist sehr gut für E-Mail-Bewerbungen geeignet. Er eignet sich leider weniger, wenn Sie eine Online-Bewerbung über Formularfelder auf der Website eines Unternehmens abgeben möchten, da hier oft zwei getrennte Dateien für Anschreiben und Lebenslauf „hochzuladen" sind.

Bestandteile Anschreiben:

Formale Bestandteile des Anschreibens sind:

Der „Kopf"

- Ihre Adressdaten mit Name, Anschrift, Festnetz- und Mobilnummer, E-Mail-Adresse,

- Empfängerdaten (Wie in der Anzeige. *Unbedingt korrekt arbeiten!*) mit exakter Firmierung und genauer Rechtsform,

- Ort und Datum (Bitte dasselbe Datum wie im Lebenslauf verwenden!),

- Zwei Leerzeilen als Abstandshalter,

- Betreffzeile („fett" oder „kursiv" formatieren) mit Bezug zu einer Anzeige/ Bewerbung/ Gespräch,

- Ansprechpartner (falls angegeben und/oder recherchierbar),

Der „Textteil"

- bestehend aus **Einleitung** und **Hauptteil** *(siehe nachfolgende Formulierungsvorschläge),*

Der „Schluss"

- Bitte um Einladung zum Vorstellungsgespräch (im Präsenz, kein Konjunktiv), z.B.

> *„Habe ich Ihr Interesse geweckt? Dann freue ich*
> *mich auf eine Einladung zu einem persönlichen*
> *Gespräch."*

- Grußformel „Mit freundlichen Grüßen",

- Ggf. Unterschrift *(dazu später mehr)*.

Einige dieser „Basics" sollten wir uns an dieser Stelle noch einmal im Detail anschauen:

So sollte ein Anschreiben – wenn möglich – immer an einen konkreten Ansprechpartner gerichtet sein. Wenn in der Stellenanzeige kein Ansprechpartner genannt wird, so versuchen Sie bitte, diesen auf der Website oder durch einen Anruf im Unternehmen zu recherchieren. Treiben Sie es aber bitte auch nicht zu weit!

Haben Sie auch nach längerer Suche keinen konkreten Ansprechpartner gefunden, so klicken Sie auf der Unternehmens-Website das sog. **Impressum** an. Jede Firmen-Website muss ein solches angeben. Dort finden Sie eine allgemeine E-Mail-Adresse wie bspw. info@musterunternehmen.de sowie den Namen des/der Geschäftsführers/-in. Sie schreiben dann einfach an diese allgemeine E-Mail-Adresse und verwenden als Anrede den Namen des Geschäftsführers bzw. der Geschäftsführerin. Nur zur allergrößten Not: „Sehr geehrte Damen und Herren".

Der „Textteil" des Anschreibens besteht aus zehn bis zwölf Sätzen, in denen Sie erklären und plausibel belegen (geradezu **„beweisen"**), warum Sie für das Unternehmen und die jeweilige Position der richtige Kandidat bzw. die richtige Kandidatin sind und weshalb Sie sich gerade für diese Stelle bewerben.

Praxistipp:

Selbst auf die Gefahr hin, dass ich mich wiederhole: Sie sollten auf keinen Fall einmalig ein Anschreiben entwerfen und dieses immer und immer wieder für verschiedene Bewerbungen kopieren. Sie sollten schon gar nicht das Anschreiben einer anderen Bewerberin oder eines anderen Bewerbers kopieren *(wie ich es leider bereits bei „Coachings" gesehen habe).*

Bei jeder Stellenausschreibung, die Ihr Interesse weckt, sollten Sie die für Sie wichtigen Informationen individuell herausarbeiten und mit Ihrem Profil abgleichen.

Markieren Sie die „Muss"- und „Kann"- Kriterien der Anzeige, die Sie erfüllen, mit zwei unterschiedlichen Leuchtstift-Farben.

Gleichen Sie die Markierungen nun mit ihrem eigenen Profil ab. (Was will das Unternehmen? Was bringe ich dafür mit?) Überschneidungen?

Im Anschreiben beschreiben Sie dann die aus diesem Vergleich resultierende Schnittmenge, indem Sie zu den wichtigsten Anforderungen (= „Muss"-Kriterien) wie bspw. Studium, langjährige Berufserfahrung, sehr gute

...-kenntnisse Stellung beziehen und konkrete Praxisbeispiele nennen.

Der Personalverantwortliche wird diesen Abgleich später ebenfalls durchführen. Personaler bezeichnen dies auch als „**Nutzenargumentation**". Erleichtern Sie ihm seine Aufgabe, indem Sie diesen Abgleich vorab bereits selbst durchführen...

Am Rande: Wenn es gar keine Schnittmenge gibt, so sollten Sie sich die Aufgabe ebenfalls erleichtern, indem Sie von einer Bewerbung absehen. *Ausnahme: Sie möchten beruflich aufsteigen!* Sie dürften nämlich kaum realistische Chancen haben. Konzentrieren Sie stattdessen Ihre Kräfte (und Nerven!) auf diejenigen Stellenausschreibungen, bei denen Sie eine große Übereinstimmung aufweisen. Weniger ist manchmal mehr... was die Anzahl an abgeschickten Bewerbungen angeht.

Überlegen Sie sich insbesondere nachweisbare Beispiele, wie Sie die Erfüllung der Anforderungen anhand Ihres bisherigen beruflichen Werdegangs belegen bzw. beweisen können.

Dazu nachfolgend ein Beispiel einer echten Stellenanzeige, die ich in einer Zeitung entdeckt und verfremdet habe.

--

Stellenanzeige

Wir sind eine Hotelkette mit derzeit X Hotels in..., in... und in...

Zur Unterstützung unserer Buchhaltung in Hannover suchen wir schnellstmöglich eine(n) Vollzeit-Mitarbeiter/-in.

Sehr gute DATEV- und Excel-Kenntnisse sind zwingend erforderlich.

Ihre Bewerbung mit Gehaltsvorstellung senden Sie bitte per E-Mail an <u>buchhaltung@....de</u> oder an unsere Anschrift..., Hannover. Tel.:...

--

Die entscheidenden Anforderungen laut Stellenanzeige sind:

- **DATEV-Kenntnisse**

  „Muss"-Anforderung (...„zwingend"...)

- **Excel-Kenntnisse**

  „Muss"-Anforderung (...„zwingend"...)

Als Buchhalter lesen Sie diese Anzeige und überlegen, welche dieser Anforderungen Sie durch Ihre Qualifikationen abdecken. Das sind:

- **DATEV-Kenntnisse**

Beweis: Bei Ihrem jetzigen Arbeitgeber setzen Sie „DATEV Mittelstand Pro" ein.

- **Excel-Kenntnisse**

Beweis: Bei Ihrem jetzigen Arbeitgeber setzen Sie „Microsoft Office 2013" ein.

Ihre Schnittmenge sind folglich die DATEV- sowie die Excel-Kenntnisse. Diese Schnittmenge ist nun im Anschreiben anzugeben. Der Personaler kann ja gar nicht wissen, dass Sie bei Ihrem jetzigen Arbeitgeber „DATEV Mittelstand Pro" einsetzen.

Ihre Formulierung im Anschreiben:

„Bei meinem jetzigen Arbeitgeber setzen wir DATEV Mittelstand Pro sowie Microsoft Office 2013 ein, so dass ich die von Ihnen geforderten Kenntnisse mitbringe..."

Die eigentliche Formulierung ist dabei eher unwichtig. Wichtiger ist, dass Sie den obigen Zusammenhang hervorheben. Sie werden sehen: Wenn Sie derartig hohe Übereinstimmungen haben, werden Sie auch häufig die „nächste Runde" erreichen.

Klasse ist auch, wenn Sie darstellen können, wie Sie Ihren obigen Qualifikationen erfolgreich eingesetzt haben. Zurück zu dem vorhergehenden Beispiel (Abwandlung):

„Bei meinem jetzigen Arbeitgeber setzen wir DATEV Mittelstand Pro ein, so dass ich die von Ihnen geforderten DATEV-Kenntnisse mitbringe. Aufgrund meiner guten Microsoft Office-Kenntnisse wurde mir die Erstellung des monatlichen Berichtswesens an den Geschäftsführer übertragen."

Also: Bitte belegen Sie Ihre Fähigkeiten! Ein weiteres Bsp.:

„Während des Studiums habe ich ein Auslandssemester in ... Australien absolviert, so dass ich fließend Englisch spreche."

Am Rande: Wenn Sie dergestalt vorgehen, so werden Sie ein sehr individuelles Anschreiben erstellen und benötigen keine Musterschreiben etc.

Achtung: Wiederholen Sie keinesfalls im Anschreiben Ihren Lebenslauf!

> Merke zum Anschreiben: „Individuell" anstatt „Bausteine" !!! „Selbstmarketing" statt „Betongrau"…

Zur Einleitung: Ich würde so zügig wie möglich Bezug auf die neuen Aufgaben nehmen, also darauf eingehen, wen das Unternehmen sucht. Denken Sie an das eben beschriebene Anforderungsprofil.

Sie schenken sich also bitte „Hiermit bewerbe ich mich…" und schreiben beispielsweise:

„Sie suchen/Ihr Unternehmen sucht einen erfahrenen Bilanzbuchhalter, der abschlusssicher ist…"

--

„Sie suchen einen abschlusssicheren Bilanzbuchhalter – ich suche eine neue Aufgabe…"

--

*„… bin ich auf Ihre Stellenanzeige mit dem Titel «3 **gute Gründe für [Firmenname]**» aufmerksam geworden. Meine 3 guten Gründe, um als XYZ für [Firmenname] zu arbeiten:*

1. …

2. …

3. ... "

Hat bereits ein telefonischer Kontakt (oder Messe-kontakt) stattgefunden, so empfehle ich zum Ein-stieg:

„Für das informative und angenehme Gespräch vom 2. April 20xx möchte ich mich noch einmal bedanken. Wie besprochen erhalten Sie nun auch meine Bewerbungsunterlagen in schriftli-cher Form."

Bei Arbeitslosigkeit sollten Sie nicht schreiben: „Ich bin zurzeit arbeitslos und suche einen neuen Job..." Verwenden Sie stattdessen besser einen der folgen-den Einstiegssätze:

„Nach... Jahren Erfahrung als... strebe ich nun eine Tätigkeit im... an. Die von Ihnen beschrie-benen Aufgaben kenne ich aus meiner Position als... sehr gut. Aus diesem Grunde möchte ich mich Ihnen vorstellen."

--

„In meiner letzten Position habe ich mit den gleichen Aufgabenstellungen wie in der Anzeige gearbeitet. Ich suche nun eine neue berufliche Aufgabe und möchte mich Ihnen daher kurz vorstellen…"

Möchten Sie sich verbessern, so formulieren Sie bspw.:

„Nach über xxx Jahren Erfahrung als yyy bei einem mittelständischen Automobilzulieferunternehmen strebe ich nun aktiv den Wechsel in eine Aufgabe mit einem größeren Spektrum an. Die von Ihnen skizzierten Aufgaben des qqq sehe ich als einen richtigen beruflichen und auch thematisch sinnvollen Entwicklungsschritt."

Zum Hauptteil: Wie bereits weiter oben ausgeführt, sollten Sie im Rahmen der Beschreibung Ihrer Qualifikationen explizit auf die Anforderungen des Unternehmens eingehen und die Schnittmenge hervorheben. Ein Beispiel für einen derartigen „Beweis":

„In meiner letzten Position war ich als… für… und auch für die… der XYZ GmbH verant-

wortlich. <u>Auch die von Ihnen geforderten</u>… gehörten – neben der… – zu meinem Aufgabengebiet. … bildeten sowohl… sowie die… im operativen Geschäft Schwerpunkte meiner Aufgaben."

Nennen Sie insbesondere Leistungsbeispiele und stellen so Ihre Erfahrungen heraus.

Werden in der Stellenanzeige konkrete Aufgaben der Position beschrieben, so weisen Sie nach, dass Sie diesen Aufgaben gewachsen sind, indem Sie dies nicht nur behaupten, sondern mit einem oder mehreren <u>konkreten Beispielen</u> belegen.

Dazu wählen Sie Beispiele aus, die den geforderten Qualifikationen entsprechen oder diesen zumindest nahekommen:

„Als xxx habe ich xxx unter anderem erfolgreich ein xxx eingeführt. Zu meinen Aufgaben gehörten die xxx, xxx, xxx sowie die xxx. Hier arbeitete ich in einer Schnittstellenfunktion mit den xxx, xxx und xxx eng zusammen."

--

„Meine fachlichen Kompetenzen liegen beson-
ders in der xxx und im Bereich xxx. Als persön-
lichen Erfolg darf ich die xxx der xxx nennen."

--

„Zu meinen täglichen Aufgaben zählen die xxx,
xxx und xxx sowie xxx, begleitet von xxx. Das
anspruchsvollste Projekt, das ich bislang betreu-
te, war xxx."

Nun noch ein Hinweis zur Motivation und den Zielen. An dieser Stelle überlegen Sie bitte nochmals, warum Sie sich überhaupt für diese Stelle bewerben. Fragen Sie sich: Warum finde ich die Stelle und die Anzeige interessant? Entspricht das Aufgabengebiet meinen Vorstellungen? Warum interessiert mich das Unternehmen?

Ein Formulierungsvorschlag von mir:

„An der herausfordernden Position in Ihrem
Unternehmen reizt mich, neben Assistenzauf-
gaben, eigenständig Aufgabengebiete aus dem
Bereich … bearbeiten zu können. Ich sehe darin
eine Möglichkeit, mich auch wieder stärker auf
das Thema … zu konzentrieren."

Ein häufig beobachteter Fehler besteht darin, dass Bewerber geradezu „lieblos" eine Vielzahl von Eigenschaften aufführen. **Negativbeispiel: „Ich bin aufgeschlossen, kommunikativ, zielstrebig und..."** An dieser Stelle könnten auch diverse andere Aufzählungen und Aneinanderreihungen anstehen.

Besser: Nennen Sie <u>wenige</u> Stärken, die Sie aber <u>gut begründen</u> können, z.B. bei einer Umschülerin:

„Bereits während meiner ersten Berufsausbildung zur Reiseverkehrskauffrau bereitete mir der Umgang und die Kommunikation mit den Kunden große Freude."

Wenn Sie Ihre vermeintlichen Positiv-Eigenschaften lediglich nennen, so könnte der kritische Personaler diese als Floskeln interpretieren, die eigentlich jede(r) Bewerber aufführt.

So lese ich ganz oft, dass Bewerber „flexibel" seien. Leider weiß ich aus der Praxis, dass es Menschen gibt, die gerade nicht besonders flexibel sind – zumindest, wenn sie in Belastungssituationen geraten. Das soll gar kein Vorwurf sein, da wir Menschen nun einmal unterschiedlich sind. Einige benötigen halt einen geregelten und strukturierten Arbeitsablauf. Deshalb sollten Sie Ihre angegebene Flexibilität „beweisen". Wenn Sie bspw. als Assistent/-in regelmäßig Kongresse und Seminare organisiert und begleitet haben, dann schreiben Sie dies bitte explizit nieder, denn im Rahmen dieser Tätigkeit ist im Normalfall eine hohe Flexibilität unter zeitlichem Druck notwendig. Hinzu kommt, dass oftmals kurzfristig auf Pannen etc. reagiert werden muss.

Ein weiterer Praxistipp:

Besonders schön finde ich, wenn Sie die obigen Eigenschaften positiv mit beruflichen Erfolgen verknüpfen können und so schlüssige Entwicklungen aufzeigen können.

„Da ich sehr verantwortungsbewusst bin, wurde mir bereits nach... Jahren die Leitung der... übertragen"

Abschließend noch einige Hinweise zu Formulierungen, die Sie in Anschreiben vermeiden sollten.

Formulierungen im Anschreiben: No-Gos

- Bitte vermeiden Sie negative Formulierungen wie bspw. „Leider konnte ich...", „Ich wollte...", Ich könnte..." *Stattdessen sollten Sie nutzenbringende Formulierungen verwenden: „... biete ich Ihnen ..." „... bringe ich mit ..."*

- Vermeiden Sie Sätze, die mit „Ich" anfangen.

- Vermeiden Sie Floskeln, die keine echte Aussage haben.

Weitere „Standards" des Anschreibens sind:

- Angabe zum Gehalt (wenn gewünscht),

- Starttermin.

Praxistipps:

Wenn Sie bspw. in der Anzeige lesen: „Ihre aussagekräftigen Bewerbungsunterlagen unter Angabe Ihrer Gehaltsvorstellung und eines eventuellen Eintrittstermins senden Sie bitte an…" dann **müssen** Sie im Anschreiben auch darauf eingehen, da es sich um Entscheidungskriterien für das Unternehmen handelt (bitte im Vorfeld recherchieren, welches Gehalt realistisch ist, z.B. unter www.lohnspiegel.de). Sie könnten bspw. wie folgt formulieren:

„Meine Gehaltsvorstellung liegt bei einem Brutto-Jahreseinkommen von xx.xxx Euro."

--

„Meine Kündigungsfrist bei XYZ beträgt drei Monate zum Quartalsende. Frühester Eintrittster-

min wäre somit der 1. xxxx 20xx, jedoch besteht eventuell die Möglichkeit einer Verkürzung nach Absprache/ in Abstimmung mit meinem derzeitigen Arbeitgeber."

--

„Meine Kündigungsfrist beträgt 6 Wochen zum Quartalsende. Da ich mich in einem ungekündigten Arbeitsverhältnis befinde, bitte ich Sie um Vertraulichkeit."

--

„Als frühestmöglichen Eintrittstermin kann ich Ihnen den 1. xxxx 20xx nennen."

Natürlich können Sie auch im Internet hilfreiche Muster für Ihr Anschreiben finden. Schauen Sie bitte unter den folgenden Links:

https://www.staufenbiel.de/magazin/bewerbung/bewerbungsschreiben/muster.html

https://www.monster.de/karriereberatung/artikel/bewerbungvorlagen

Falls Bewerber ihre Unterschrift professionell ein-scannen und einsetzen (können), so ist das chic, je-doch keine Pflicht. Es soll aber Personalchefs geben, denen eine eingescannte Unterschrift positiv auffällt („Dieser Bewerber/ Diese Bewerberin hat sich aber Mühe gegeben").

Praxistipp: Einscannen der Unterschrift

Zunächst unterschreiben Sie bitte mit einem dunkel-blauen, mitteldicken Füller auf einem weißen Blatt Papier. Nur zur allergrößten Not würde ich einen Ku-gelschreiber verwenden.

Es sollte sich um rein weißes Papier ohne Gelbstich handeln und man sollte auch nicht durch das Papier hindurchsehen können.

Scannen Sie die Unterschrift mit mindestens 300, besser 600 dpi. *Dpi ist eine Maßeinheit der Auflösung. Dabei entspricht 1 dpi 1 Bildpunkt pro Zoll (2,45 cm). Einfacher gesagt: Je mehr dpi, desto besser die Auflösung…*

Moderne Scanner scannen standardmäßig mit mindes-tens 300 dpi. Bitte überprüfen Sie die Einstellungen, bevor Sie mit dem eigentlichen Scan beginnen. Sie können dies in dem Softwareprogramm des Scanners tun. Leider ist jede Software individuell, so dass hier kein Hinweis gegeben werden kann, an welcher Stelle Sie in Ihrer Software die Einstellungen vornehmen können.

Nachdem Sie den Scan durchgeführt haben, speichern Sie bitte Ihr Dokument im PNG-Format (Portable-Network-Grafiken). Dies liefert erfahrungsgemäß die qualitativ besten Ergebnisse.

Ihre neue digitale Unterschrift sollte nun als PNG-Datei auf Ihrem Rechner vorliegen. Jetzt entfernen Sie bitte noch das überflüssige Weiß um Ihre Unterschrift herum, da Sie ja nicht eine ganze DIN-A4 Seite in Ihr Anschreiben einfügen wollen, sondern nur die Unterschrift. Dies erledigen Sie bspw. mit dem Scanprogramm, indem Sie dort den Unterschriftsbereich ausschneiden.

Alternativ können Sie das Zuschneiden auch mit jedem Bildbearbeitungsprogramm, z.B. dem kostenlosen „Paint.Net", vornehmen. Sie finden Paint.Net in der Version 4.0.21 vom 16.01.2018 unter

http://www.chip.de/downloads/Paint.NET_13015268.html

zum Download.

Nachdem Sie Paint.Net installiert haben, gehen Sie bitte wie folgt vor:

- Öffnen Sie „Paint.Net",

- Klicken Sie auf „Datei", danach auf „Öffnen" und anschließend auf den Dateinamen Ihrer eingescannten Datei, um das gewünschte Bild anzuzeigen.

- Klicken Sie in der Menüleiste auf den kleinen Pfeil, der rechts neben „Werkzeug" steht und anschließend auf „Rechteckige Auswahl". Alternativ in der „Werkzeug"- oder „Toolbox", die links oben ange-

ordnet ist, auf das Icon „Rechteckige Auswahl"
oben links.

- Markieren Sie den Bereich, den Sie zuschneiden
möchten.

- Klicken Sie im Menü auf „Bild" und dann „Auf
Markierung zuschneiden" oder drücken Sie gleichzeitig die Tastenkombination „Strg" und „Umschalttaste" und „X", um den Zuschnitt zu übernehmen.

Sie können den Zuschnitt nun abspeichern, indem Sie
„Datei" und „Speichern unter" wählen und sich einen
Dateinamen ausdenken.

Ich empfehle, dafür einen geänderten Dateinamen als
für die ursprüngliche Datei zu verwenden, um diese
nicht zu überschreiben – falls Sie sie nochmals benötigen
sollten.

Im nächsten Schritt öffnen Sie nun das Anschreiben in
„Word". Stellen Sie den Cursor an die Position, an der
die Unterschriften-Grafik eingefügt werden soll. Klicken
Sie in der Menüleiste auf „Einfügen", dann auf „Bilder"
(oder „Grafik"), anschließend wählen Sie die Datei mit
Ihrer Unterschrift aus und klicken auf „Einfügen". Die
Unterschrift sollte nun in Ihrem Word-Dokument er-
scheinen.

Ändern Sie die Größe des eingefügten Bildes, indem Sie
einmal auf das Bild klicken und es an den Ecken „ziehen".

Möchten Sie die Unterschrift verschieben, so wählen Sie bitte die „Layout-Optionen", die rechts neben Ihrem Bild auftauchen sollten. *Nur falls diese bei Ihnen nicht erscheinen: Bild markieren durch „Linksklick". Danach „Rechtsklick" auf das Bild! Anschließend „Grafik formatieren" und „Layout".*

Verwenden Sie nun bspw. die Einstellung „Hinter den Text" und klicken ein weiteres Mal in die Grafik. Ihr Cursor wird zu einem Kreuz mit 4 Pfeilen. Sie können das Unterschriften-Bild nun beliebig nach oben oder unten verschieben, indem Sie die linke Maustaste gedrückt halten.

Wenn Sie nicht Word, sondern OpenOffice oder Libre-Office verwenden, so öffnen Sie zunächst Ihr Anschreiben. Klicken Sie in der Menüleiste von „Writer" auf „Einfügen", dann auf „Bild aus Datei", anschließend wählen Sie die Datei aus, die Ihre Unterschrift beinhaltet und klicken auf „Öffnen". Sie können bei „Writer" auf das eingefügte Bild klicken und es frei hin und her bewegen.

Das Anschreiben: Eine etwas ungewöhnliche Idee...

Im Rahmen eines Coachings entwarfen wir ein Anschreiben für ein renommiertes Möbelhaus, bei dem wir als Hintergrundbild Möbel einarbeiteten. Die Bewerberin wurde prompt zum Vorstellungsgespräch eingeladen...

Das Bewerbungsanschreiben einer Näherin „verzierten" wir mit Nähgarnen im Hintergrund. Auch diese Dame erhielt die begehrte Einladung zum „Recall".

Ein junger Mann suchte einen Ausbildungsplatz als Landwirt!!! Wir entschieden uns für einen Traktor als Hintergrundbild. Resonanz vieler potentieller Ausbildungsbetriebe: „So etwas haben wir noch nie gesehen!"

Sie sehen: Auch bei Bewerbungen ist Kreativität erlaubt! Verinnerlichen Sie sich bitte immer, dass Sie im Wettbewerb mit zahlreichen anderen Kandidatinnen und Kandidaten stehen und sich durchsetzen wollen. Dazu gehört – neben den in diesem Buch beschriebenen Formalia – eben auch ein Quäntchen Kreativität.

Wo bekommen Sie nun adäquate Hintergrundbilder her? Hier empfehle ich Ihnen

https://pixabay.com/de/

Auf dieser Plattform finden Sie mehr als 1,3 Millionen professionelle Fotos zum kostenfreien Download. Die Fotos stehen unter einer sog. „Creative Commons CC0"-Lizenz und können deshalb kostenlos für private und kommerzielle Anwendungen genutzt werden – und zwar ohne Bildnachweis bzw. Quellenangabe.

Wie fügen Sie das Foto als Bildhintergrund in Ihr Anschreiben ein?

Bitte öffnen Sie „MS Word", klicken auf „Entwurf" und anschließend auf „Wasserzeichen". Danach gehen Sie auf „Benutzerdefiniertes Wasserzeichen" sowie auf

„Bildwasserzeichen". Es folgt die Schaltfläche „Bild auswählen". Danach gehen Sie auf „Aus einer Datei" und suchen sich das zuvor von Pixabay auf Ihren PC heruntergeladene Foto aus. Nach Ihrer Auswahl folgt „Einfügen".

Bei der Einstellung „Auswaschen" würde ich den Haken stehen lassen, da das Hintergrundbild ansonsten sehr kräftig erscheint. Bei „Skalieren" müssen Sie ein klein wenig herumprobieren, damit Ihr Foto die Bewerbungsseite ausfüllt.

Sind Sie mit Ihren Arbeiten zufrieden, so klicken Sie am Ende auf „Übernehmen".

Möchten Sie ein eingefügtes Hintergrundbild entfernen, so gehen Sie erneut auf „Entwurf" und anschließend auf „Wasserzeichen". Danach klicken Sie auf „Wasserzeichen entfernen".

Praxistipps: Bewerbungsschreiben als „PDF"-Datei abspeichern

- Nachdem Sie das Anschreiben fertiggestellt haben, lassen Sie bitte das Schreiben zuerst durch die Rechtschreibprüfung überprüfen. Dazu bei „Word" das Register „Überprüfen" anwählen, danach links den Haken „Rechtschreibung und Grammatik" klicken. Bei „Writer" klicken Sie bitte auf die Schaltfläche „Rechtschreibprüfung". Dadurch wird das Dokument überprüft und die Dialogbox „Rechtschreibprüfung" geöffnet, wenn ein vermeintlicher Fehler gefunden worden ist.

- Nachdem Sie das Schriftstück beendet haben, speichern Sie das Schreiben direkt als „PDF"-Datei ab. Bei „Word" wählen Sie dazu im Register „Datei" die Option „Speichern unter". Hier können Sie den Speicherort auswählen und tippen neben „Dateiname" den Namen für das Dokument ein.

- Im Anschluss öffnen Sie das Klappmenü neben der Option „Dateityp". Jetzt scrollen Sie bis zum Eintrag „PDF (*.pdf)" und klicken diesen einmal mit der rechten Maustaste an. Der Dateityp wechselt auf „PDF (*.pdf)". Sie lassen die Einstellung „Optimieren für" bitte unbedingt bei „Standard" (nicht „Minimale Größe wählen"), da der Personaler das Schreiben eventuell ausdrucken möchte. Über den Schaltknopf „Speichern" legen Sie die Word-Datei dann als „PDF"-Dokument im zuvor gewählten Ordner ab.

- Bei „Writer" (OpenOffice/ LibreOffice) klicken Sie einfach – nachdem das Dokument in der gewünschten, abgeschlossenen Form vorliegt – auf das „PDF"-Icon in der Symbolleiste. Geben Sie nun noch einen passenden Dateinamen ein, klicken auf „Speichern" ... et voilà: Die Konvertierung von der OpenOffice/ LibreOffice-Datei in ein „PDF"-Dokument ist vollbracht!

- Prüfen Sie eventuell durch einen Ausdruck der PDF-Datei, ob das Druckbild gefällig aussieht.

Wählen Sie bitte einen Datei-Namen, bei dem die Unternehmensempfänger genau erkennen, was/wer hinter dem Anschreiben steckt, z.B.: „Bewerbungsschreiben Max Mustermann

Praxistipp zum Schluss:

Ich empfehle die fertige PDF-Datei – d.h. Ihr Anschreiben – einmal probeweise auszudrucken, um zu prüfen, ob die Unterschrift gut lesbar ist oder eventuell unschöne Ränder um die Unterschrift herum verblieben sind.

Abschließend habe ich Ihnen eine Checkliste zusammengestellt, die Ihnen – so hoffe ich – ein klein wenig bei der Erstellung Ihres individuellen Anschreibens weiterhilft:

Checkliste 2: Anschreiben	
Länge von 1 DIN-A4-Seite eingehalten	
Angemessene Schriftgröße (11pt) und Schriftart (z.B. Arial, Calibri, Courier, Times New Roman, Helvetica)	
Vollständiger „Briefkopf": Name, Anschrift, Adresse, Telefon- und Handynummer	

Seriöse E-Mail-Adresse	
Ort und aktuelles Datum der Bewerbung	
Datum des Anschreibens stimmt mit dem Datum des Lebenslaufs überein	
Empfänger und Ansprechpartner sind korrekt angegeben	
Beliebter Flüchtigkeitsfehler: Ansprechpartner der letzten Bewerbung in Kombination mit Adresse der neuen Bewerbung	No-Go
Aussagekräftige und „fett" markierte Betreffzeile mit Stellenbezeichnung, Fundort (ggf. mit Kennziffer) und Datum der Stellenausschreibung	
Persönliche Anrede anstelle von "Sehr geehrte Damen und Herren..."	
Zu vertraute Ansprache: „Hallo Frau..." etc.	No-Go
„Ihr", „Sie" und „Ihnen" wird in der Anrede großgeschrieben	
Starker Einstieg: Mit dem überzeugendsten Argument starten! Hinweis: Das kann je Position unterschiedlich sein...	
Motivation und berufliche Stärken werden herausarbeiten	

Kompetenzen sind mit Tätigkeiten und Beispielen/Beweisen verknüpft und auf die Anforderungen des potentiellen Arbeitgebers abgestimmt	
Starker Abgang: Die Schlussformulierung hinterlässt einen sympathischen Eindruck, der Ihrem Wunsch nach einem persönlichen Gespräch aktiv Nachdruck verleiht.	
Keine Wiederholungen: Zu Beginn die guten Englischkenntnisse nennen und am Ende nochmals...	No-Go
Leere Floskeln und Aufzählung von Adjektiven ohne Begründung, (z.B. Ich bin ehrgeizig, fleißig und flexibel.)	No-Go
Zum Abschluss neutrale Grußformel „Mit freundlichen Grüßen" verwenden	
Alles fehlerfrei? Rechtschreibung, Grammatik und Ausdruck wurden kontrolliert. Rechtschreibprüfung der Textverarbeitung wurde eingesetzt. Ein lebender Mensch hat nochmals gegengelesen...	

6.2. Lebenslauf

D er Lebenslauf ist die wichtigste Bewerbungsunterlage für die fachliche Beurteilung eines Kandidaten bzw. einer Kandidatin. Dementsprechend verwende ich als Personalberater nicht nur viel Zeit darauf, um den Lebenslauf sorgfältig zu analysieren, sondern ich lese ihn auch zuerst. Zu einem späteren Zeitpunkt erstelle ich dann Soll-/ Ist-Übersichten, in denen ich die einzelnen Anforderungen („Soll") denjenigen Kriterien, die die einzelnen Kandidaten bzw. Kandidatinnen tatsächlich mitbringen („Ist"), gegenüberstelle.

Vorab: Den europäischen Lebenslauf „Europass" ziehen Sie bitte nur dann für eine Bewerbung in Betracht, wenn Sie sich länderübergreifend innerhalb der europäischen Union bewerben möchten. Aktuell gibt es in Deutschland noch zu viele Vorbehalte gegen „Europass".

Ihr Lebenslauf sollte im Normalfall maximal 2 DIN-A4-Seiten umfassen. Der Lebenslauf von Führungskräften mit entsprechendem Werdegang und beruflichen Erfahrungen kann etwas umfangreicher geraten. Gerät Ihr Lebenslauf recht lang, so empfehle ich, besser die eine oder andere etwas „unwichtigere" Weiterbildung wegzulassen.

Lebenslauf

Der Lebenslauf ist die „Architektur" Ihrer beruflichen Erfahrungen. Hier beschreiben Sie kurz und prägnant Ihre wichtigsten Aufgaben in den bisherigen Positionen.

Achten Sie bitte darauf, dass der gesamte Lebenslauf eine durchgehende Struktur hat, der das Auge des Lesers leicht folgen kann: Dies erhöht zum einen die Lesbarkeit und macht zum anderen einen professionellen Eindruck. Unübersichtliche und mit erheblichem Leseaufwand verbundene Lebensläufe stellen für die meisten Personaler ein „No-Go" dar. Die Verwendung bestimmter Vorlagen oder „Templates" würde ich Ihnen hingegen nicht zwingend vorschreiben. Ich habe schon recht simple Lebensläufe gesehen, die jedoch derartig gut strukturiert waren, dass Sie mir sofort gefallen haben.

Praxistipps:

Der Lebenslauf sollte übersichtlich und gut strukturiert sein. Wichtig ist, dass die Inhalte vom Leser zügig erfasst werden können. Dazu sollten Sie Ihren Lebenslauf tabellarisch aufbauen, dabei die Zeiträume auf der linken Seite platzieren und die dazugehörigen Ereignisse auf der rechten Seite anordnen. Berücksichtigen Sie den typischen Blickverlauf in „Z-Form" beim Lesen. Verwenden Sie für die Angabe der Zeiträume ein einheitliches Datumsformat (z.B. Monat und Jahreszahl in der Form „MM/JJJJ"). Zur leichteren Orientierung sollten Sie die verschiedenen Bestandteile Ihres Lebenslaufs durch einheitliche Zwischenüberschriften gruppieren. Diese können bspw. durch Fettdruck und eine größere Schrift hervorgehoben werden. Zwischen den Rubriken sollten Sie ein wenig Platz lassen und insgesamt auf einheitliche Abstände achten.

Im Internet finden Sie unter

https://www.monster.de/karriereberatung/artikel/musterlebenslauf-zum-download-30985

etliche hilfreiche und kostenlose Vorlagen zum Lebenslauf. Diese Sammlung ist deshalb besonders schön, da in Lebensläufe für „Young-Professionals", berufserfahrene Mitarbeiter, 40+, 50+, Lebenslauf bei häufigen Jobwechseln, Lebenslauf bei Rückkehr nach Baby-Pause usw. differenziert wird… Eine weitere Online-Quelle für Lebensläufe stellt

https://lebenslauf.com/

Hierbei handelt es sich um einen Service von XING.

Praxistipp: Aufbau

Die traditionelle Methode war bislang, im Lebenslauf die Daten chronologisch zu ordnen und dabei mit den ältesten Daten anzufangen. Ich empfehle Ihnen jedoch, die gegenchronologische Gliederung zu verwenden, die mit den aktuellsten Daten zuoberst beginnt.

So wird sichergestellt, dass bereits bei einem flüchtigen Lesen des Lebenslaufs die wichtigsten und/oder aktuellsten Ereignisse ins Auge des Betrachters fallen.

Diese Form wurde vom US-amerikanischen Personalmarkt übernommen und hat sich inzwischen auch in Deutschland durchgesetzt.

Dazu noch ein Ratschlag: Als Bewerber, der in der jüngeren Vergangenheit bspw. durch eine längere Krankheit „aus der Bahn geworfen wurde", sollten Sie meinen vorgenannten Tipp ignorieren! Sie würden diese Phase nämlich noch betonen, indem Sie mit den aktuellsten Daten zuoberst beginnen. Hier – und nur in derartigen Fällen – würde ich mit den ältesten Daten beginnen.

Bedenken Sie bei Erstellung Ihres Lebenslaufes, dass ein guter Personaler bzw. eine gute Personalerin bei den Kandidaten bzw. Kandidatinnen, die interessant erscheinen, grundsätzlich alle Zeitangaben, Positionsbezeichnungen und -inhalte im Lebenslauf mit den dazugehörigen Angaben in den einzelnen Arbeitszeugnissen abgleicht. Ich habe bereits etliche Fehler in Lebensläufen gefunden, bei denen die Zeitangaben (insbesondere die Austrittsdaten) nicht mit Angaben im Arbeitszeugnis übereinstimmten. Hier bitte sorgfältig arbeiten!

Nun zu den einzelnen Gliederungspunkten im Lebenslauf, die da wären:

Lebenslauf: Gliederungspunkte

Überschrift: Das Wort „Lebenslauf" wird hervorgehoben

Bewerbungsfoto *(falls kein Deckblatt verwendet wird)*

Persönliche Daten (Name, Anschrift, Telefon, E-Mail-Adresse, Geburtsdatum und -ort, Familienstand). *Bitte weisen Sie auf Namensänderungen infolge von Heirat, mehrmaliger!!! Heirat etc. hin, da Ihre älteren Zeugnisse auf einen anderen Namen ausgestellt sein dürften.*

Beruflicher Werdegang/ Berufserfahrung: Geben Sie die Stellen inklusive Funktionen und Aufgaben rückwärts chronologisch an, beginnend mit Ihrer aktuellen Position.

Bildungsweg/ Ausbildung (Studium, Ausbildung, Schule): Bitte beginnen Sie mit derjenigen Station, die am kürzesten zurückliegt.

Zusatzqualifikationen, Fortbildungen

Sonstige Kenntnisse und Fertigkeiten (Sprachkenntnisse, EDV-Kenntnisse etc.)

Ggf. eine Auflistung eigener Publikationen, ggf. Auszeichnungen, ggf. Referenzen

Ort, Datum, Unterschrift: Das Datum sollte mit dem Datum Ihres Anschreibens identisch sein.

An dieser Stelle wollen wir bzgl. Aufbau und Gliederung des Lebenslaufes noch detaillierter einsteigen.

So sollten im Abschnitt „**Persönliche Daten**" die Angaben zur Person und das Kurzprofil wie folgt gemacht werden:

- Name, Adresse

- Telefonnummern (unter denen nur Sie als Bewerber erreichbar sind)

- E-Mail-Adresse (täglich abrufen!)

- Geburtsdatum und -ort

- Familienstand

Geben Sie bitte an, ob Sie ledig, verheiratet, verwitwet oder geschieden sind. Erläuterungen oder Ergänzungen sind nicht nötig.

Wenn Sie Kinder haben, so geben Sie lediglich Alter und Geschlecht an, aber keine Vornamen, z.B.: „Eine Tochter, 7 Jahre, und einen Sohn, 3 Jahre *(Betreuung gewährleistet)*."

Praxistipp:

Wenn Sie als Frau wieder in den Beruf zurückkehren möchten und Ihre Kinder schon etwas älter sind, so sollten Sie unbedingt das Alter Ihrer Kinder angeben.

Sind Ihre Kinder hingegen noch etwas jünger, so geben Sie bitte explizit an, dass deren „Betreuung gewährleistet" ist. Schauen Sie sich dazu noch einmal mein obiges Beispiel an…

Exkurs: Junge und junggebliebene „Mamas"

Familienphasen müssen Sie weder erklären noch verstecken.

Bitte betonen Sie, was Sie bezüglich Organisation, Belastbarkeit, Flexibilität usw. in der Arbeit mit Kindern geleistet und gelernt haben. Viele Unternehmer wissen das nämlich zu schätzen…

Treten Sie bitte nicht zu bescheiden auf!

Frauen sind gerade im Vorstellungsgespräch oft vorsichtiger und bescheidener als männliche Mitbewerber. Sie sollten darauf achten, dass Sie sich nicht selbst schlechter darstellen als Sie sind. Schmälern Sie nicht Ihre eigene Leistung in der Familienphase!

Achten Sie einmal auf die Wirkung der folgenden Aussagen:

„~~Ich habe… meine Kinder versorgt…~~"

„Aus der Familienphase bringe ich wichtige Kompetenzen mit, z. B. Konfliktfähigkeit, Zeitmanagement, Weiterbildungen."

Das zweite Zitat ist erheblich positiver und selbstbewusster als das erste. Deshalb: Argumentieren Sie positiv!

Frauen, die kleinere Kinder haben, können/sollten kurz darauf hinweisen, dass während der Arbeitszeit und in den Ferien eine Betreuung der Kinder sichergestellt ist.

Aber: Bitte checken Sie VORHER ab:

- Steht Ihre Familie hinter Ihnen?

- Können Sie die angestrebte Stelle mit Ihren familiären Verpflichtungen vereinbaren?

- Wie ist die Kinderbetreuung geregelt?

- Wie steht Ihre Familie oder Ihr Lebenspartner dazu?

- Wie stellen Sie sich Ihre Zukunft vor?

- Wie sieht Ihre Familienplanung aus?

Überzeugen Sie den Arbeitgeber, dass die Kinderbetreuung verlässlich organisiert ist – auch bei Krankheit, Streiks und zu Ferienzeiten!

Praxistipp: Darstellung der Familienphase im Lebenslauf

Gerade Frauen, die eine längere Familien-/Elternzeit im Lebenslauf angeben, machen häufig den folgenden „Fehler", den ich einmal exemplarisch darstellen möchte:

...

10 / 2009 – 12 / 2014 Küchenhilfe, Firma X, ...

03 / 2009 – 09 / 2009 Arbeitssuchend

07 / 2007 – 02 / 2009 Küchenhilfe, Firma Y, ...

08 / 2006 – 06 / 2007 Arbeitssuchend

02 / 2006 – 07 / 2006 Hauswirtschafterin, Haushalt Z, ...

...

Wenn Sie über einen mehrjährigen Zeitraum Ihre Kinder großgezogen haben und parallel dazu – also neben dem „Full-Time-Job" Kindererziehung – gearbeitet oder gejobbt haben, dann sollten Sie das geschickter verkaufen.

Meine Idee einer eleganteren Darstellung. Sie geben bitte unter der Rubrik „BERUFSERFAHRUNG" !!! Folgendes an:

<u>04 / 2002 – 12 / 2016 FAMILIENPHASE (ERZIEHUNG MEINES SOHNES)</u>

während der Familienphase ausgeübt:

...

10 / 2009 – 12 / 2014 Küchenhilfe, Firma X, ...

07 / 2007 – 02 / 2009 Küchenhilfe, Firma Y, ...

02 / 2006 – 07 / 2006 Hauswirtschafterin, Haushalt Z, ...

...

Haben Sie den Unterschied bemerkt? Die zweite Variante ist eine deutlich positivere Darstellung. Neben der „Vollzeittätigkeit" Erziehung haben Sie sogar noch gearbeitet, also zusätzliche Belastungen auf sich genommen. Verkaufen Sie sich bitte nicht unter Wert!

Eltern/Beruf des Ehemanns/der Ehefrau: Diese Angaben sind für eine Bewerbung nicht mehr notwendig.

Praxistipp: Kurzprofil

Um es Ihrem Leser leichter zu machen, Ihre Qualifikationen zu erfassen, könnte ein stichwortartiges Kurzprofil im Anschluss an Ihre persönlichen Daten sinnvoll sein. In einem derartigen Kurzprofil stellen Sie vier bis fünf wichtige Kriterien vor, die für die Stelle interessant sind. Nachfolgend das Beispiel eines Informatikers:

Kurzprofil

- Anwendungsberater SAP R/3

- Module FI, CO

- Dreijährige Erfahrung in Projektleitung

- Diplom-Informatiker (FH)

Warum sollten Sie das Kurzprofil ausgerechnet im Anschluss an Ihre persönlichen Daten platzieren? Nun, weil das Auge des Betrachters bei einem DIN-A4-Blatt zunächst immer auf die nachfolgend markierte Stelle schaut…

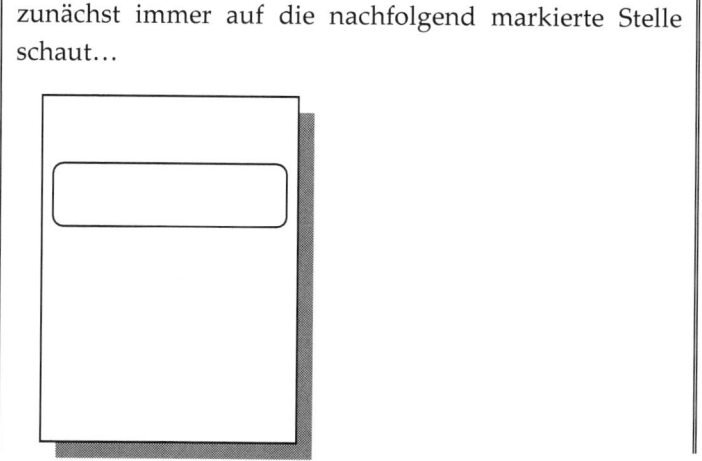

Im Abschnitt **„Beruflicher Werdegang/ Berufserfahrung"** ist dann Ihr beruflicher Werdegang mit Leistungsbeispielen Gegenstand der Darstellung.

Nennen Sie dabei die aktuelle Position zuerst. Dies gilt auch bei mehreren Positionen in demselben Unternehmen. Bedenken Sie bitte, dass Ihre Leser nicht immer genau wissen, welche Aufgaben, Kompetenzen und Verantwortung sich hinter einer Position bzw. Funktion verbergen. Deshalb nennen Sie bitte Leistungsbeispiele, erfolgreich abgeschlossene Projekte und Aufgabenschwerpunkte.

- Zeitliche Daten (Monat und Jahr)

- Unternehmen mit exaktem Firmennamen, Rechtsform und Ort. *Bitte unbedingt die exakte Rechtsform analog Abreitzeugnis ausschreiben, z.B. Max Mustermann GmbH & Co. KG. Bitte sorgfältig arbeiten!*

- Exakte Positionsbezeichnung

- Leistungsbeispiele/ Hauptaufgaben/ Schwerpunkte/ Projekte

Fassen Sie zu jeder Station in drei bis fünf aussagekräftigen Stichpunkten Ihre wichtigsten konkreten Tätigkeiten, Verantwortlichkeiten und Erfolge zusammen. Vermeiden Sie „Fach-Chinesisch" und Abkürzungen. Übrigens: <u>Die hier von Ihnen angeführten Aufgaben sollten mit denen in Ihrem jeweiligen Arbeitszeugnis übereinstimmen!</u>

Aber pressen Sie bitte nicht alle Aufgaben, die Sie jemals bei Ihren verschiedenen Arbeitgebern ausgeübt haben, in den Lebenslauf hinein. Beschränken Sie sich auf wesentliche Aufgaben und orientieren Sie sich an den geforderten Aufgaben laut Stellenanzeige.

Praxistipp: Ein Unternehmen – mehrere Positionen

Haben Sie in einem Unternehmen mehrere Positionen übernommen oder sind „aufgestiegen", so nennen Sie einmalig das Unternehmen mit exaktem Firmennamen, Rechtsform und Ort *(wie oben beschrieben)*.

Anschließend geben Sie darunter – bspw. leicht eingerückt – die einzelnen Zeiten und Positionen mit zugehörigen Aufgaben separat an. So wird erkennbar, dass Sie sich beruflich weiterentwickelt haben.

Am Rande: Von einer Führungskraft wird erwartet, dass Zahlen und Fakten genannt werden, wie zum Beispiel Umsatz- und Gewinnsteigerungen. Da Sie andererseits wiederum keine Interna Ihres ehemaligen Arbeitgebers verraten dürfen, sollten Sie bspw. mit Prozentangaben arbeiten.

Praxistipp:

Ich rate: Bewerber sollten im Lebenslauf immer ihre Wechselmotivation angeben – und zwar für jede Position einzeln (natürlich nur dann, wenn die Wechselmotivation plausibel ist/war). So heben Sie sich von anderen Lebensläufen ab und der Personaler muss keine Vermutungen aufgrund irgendwelcher Klauseln im Zeugnis anstellen. Einige Beispiele:

- Angebot der xyz GmbH zur Übernahme einer ersten Führungsposition.

- Wohnsitzwechsel, Rückkehr in die Heimatregion.

- Angebot von der xyz GmbH zu besseren Konditionen.

- Wunsch, in einem größeren Unternehmen bzw. Konzern zu arbeiten.

- Schließung der Niederlassung/des Standortes...

- Beendigung des Arbeitsverhältnisses wegen Insolvenz des Unternehmens.

- Elternzeit.

- Versetzung des Gatten/ der Gattin.

- Gerade in jüngeren Jahren durchaus ein Argument: Bewusstes „Kennen-Lernen-Wollen" verschiedener Unternehmen, um den Erfahrungshorizont zu erweitern.

Bei Wechselgründen ist es wichtig, dass Sie „von der neuen Stelle her argumentieren". Die neuen Arbeitsinhalte, die vielfältigeren Schnittstellen, die größere Herausforderung etc. sollten im Mittelpunkt Ihrer Argumentation stehen.

Besser nicht: Wechsel aufgrund Umstrukturierung. Im Nachhinein – spätestens im Vorstellungsgespräch – könnte herausgearbeitet werden, dass Sie eine(r) der Ersten waren, der/die gehen mussten… Warum durften aber andere Kollegen bzw. Kolleginnen bleiben?

Was tun, wenn die Verweildauer in einem oder mehreren Unternehmen lediglich kurz war?

Ist dies auf äußere Umstände zurückzuführen, so können Sie die sachlichen Gründe nennen/anführen, zum Beispiel: „Beendigung des Arbeitsverhältnisses wegen Insolvenz des Unternehmens."

Gerade in den letzten Jahren ist eine vereinzelte, kurzzeitige Arbeitslosigkeit nicht grundsätzlich negativ zu beurteilen.

Insbesondere größere Unternehmen vergeben neuerdings auch immer wieder projektorientierte Aufgaben.

Ist hingegen überhaupt kein roter Faden erkennbar, so halte ich dies für außerordentlich problematisch, denn die mangelnde Gradlinigkeit in einem Lebenslauf wird von Personalverantwortlichen in der Regel mindestens als fehlende Konsequenz (bzw. mangelndes Durchhaltevermögen) und häufig auch als schlechte Berufs- bzw. Lebensplanung gewertet.

Wer alle paar Jahre zum Beispiel nicht nur die Firma wechselt, sondern auch jedes Mal einen völlig neuen Aufgabenbereich „ausprobiert", weiß offensichtlich nicht richtig, was er/sie will.

Also: Kommen kurze Verweilzeiten in verschiedenen Unternehmen kumuliert vor, so gehen Personaler oftmals davon aus, dass die Probleme vorrangig bei dem Bewerber bzw. der Bewerberin liegen dürften. Deshalb ist es wichtig, dass sich Bewerber entsprechend positionieren und ein klares Ziel für ihr Berufsleben festlegen („Langfristplanung").

Praxistipp:

Auch individuelle Besonderheiten wie Elternzeiten, Zeiten der Arbeitsuche, Auszeiten etc. sollten im Abschnitt **„Beruflicher Werdegang/ Berufserfahrung"** eingebaut werden. Hintergrund: Einige Bewerber verwenden für derartige Zeitangaben eine eigene Rubrik. Im beruflichen Werdegang stutzt der Personaler dann aber zunächst über eine vermeintliche Lücke und muss suchen...

Kommen wir nun zum Thema „Lücken im Lebenslauf". Personaler sehen derartige Lücken nicht sonderlich gerne. Sie vermuten, dass sich dahinter „Problemfälle" verbergen könnten. Weist Ihr Lebenslauf Lücken auf, so könnten Sie bspw. nach der Rubrik mit den persönlichen Daten das bereits weiter oben vorgestellte „Kurzprofil" Ihrer Person mit den Schwerpunkten Ihrer Ausbildung und Berufserfahrung füllen. **Oder aber ganz vom „chronologischen" bzw. „gegenchronologischen" Lebenslauf weggehen und stattdessen einen „funktionalen Lebenslauf" aufbauen.**

Exkurs: Der funktionale Lebenslauf

Funktionale Lebensläufe eignen sich für Kandidaten (m/w), die seit längerer Zeit nicht mehr in ihrem Beruf arbeiten, die recht viele unterschiedliche Aufgaben innehatten oder die einen Quereinstieg anstreben, der mit Erfahrung aus anderen Bereichen, nicht aber mit vorherigen Positionen zu rechtfertigen ist.

Bei dem funktionalen Lebenslauf rücken Ihre persönlichen Fähigkeiten in den Vordergrund. Im funktionalen Lebenslauf ordnen Sie Ihre Leistungen und Berufserfahrungen in Bezug auf Fachwissen, Funktionen sowie Verantwortungsbereiche.

Dabei gerät die zeitlich-chronologische Einordnung in den Hintergrund.

Sie können also Schwerpunkte auf diejenigen Erfahrungen legen, die Sie besonders geprägt haben und die besonders relevant!!! für den nächsten Job sind.

Der zielgerichtete Lebenslauf ist für jede Bewerbung neu zu verfassen.

Da diese Form des Lebenslaufs noch nicht so üblich ist, löst Sie ggf. Misstrauen bei Personalverantwortlichen aus.

Fehlzeiten im eigenen Lebenslauf mit Mogeleien oder gar Lügen zu füllen, ist keine adäquate Lösung, da der Schwindel meist früher oder später aufgedeckt wird.

Versuchen Sie stattdessen, fehlende Zeitabschnitte **positiv** zu erklären, indem Sie auch positiv besetzte Worte finden.

Praxistipps: Lücken im Lebenslauf

Vermeiden Sie bitte Worte wie „arbeits-" oder „erwerbslos". Schreiben Sie lieber „arbeitssuchend", „berufliche Neuorientierung" oder „Orientierungsphase".

War die Zeit ohne Beschäftigung länger, so könnte es sinnvoll sein zu erläutern, dass Sie die Zeit genutzt haben, um beispielsweise Fremdsprachen- oder PC-Kenntnisse zu vertiefen. Dokumentieren Sie, dass Sie sich selbst AKTIV gekümmert haben.

Haben Sie z.B. einige Monate das elterliche Geschäft geführt, weil Ihre Eltern krank waren, dann kommt dies durchaus positiv an, denn eine solche Tätigkeit erfordert Organisationstalent, Eigeninitiative und ggf. Führungskompetenz.

Auch ein längerer Auslandsaufenthalt wird positiv gewertet, denn er erweitert den Erfahrungshorizont.

Dies gilt auch für die Angabe von Eltern- oder Pflegezeiten im Familienkreis. **Gerade Pflegezeiten sollten keinesfalls unterschätzt werden!**

Ist ein Elternteil verstorben, so ist es auch absolut plausibel, sich zunächst um den anderen Elternteil zu kümmern.

Abschließend: Heutzutage werden „Zeiten der Neuorientierung" nicht mehr argwöhnisch betrachtet, sondern auch als wertvolle Erfahrung eingestuft.

Da einige Bewerber noch in den „Genuss" gekommen sind, **Wehr- oder Zivildienst** abzuleisten, sollten Sie auch diese Station angeben. Ich würde hier pragmatisch vorgehen. Da die meisten Bewerber ihren Dienst zwischen dem Abschnitt „Beruflicher Werdegang" und dem Abschnitt „Ausbildung" absolviert haben dürften, sollte der Wehr- oder Ersatzdienst zwischen diesen beiden Abschnitten – falls absolviert – in einer eigenen Rubrik angegeben werden:

Wehrdienst/ Zivildienst/ Freiwilliges Soziales Jahr etc. (Optional)

- Zeitliche Daten (Monat und Jahr)

- Institution/ Einheit, Ort und Einsatzbereich

Die Zeiten des Wehr- oder Zivildienstes werden deshalb aufgeführt, um zeitliche Lücken im Lebenslauf zu vermeiden. Des Weiteren zeigen Sie dem Personalverantwortlichen, dass Sie soziale bzw. kameradschaftliche Erfahrungen gesammelt haben. Wenn die Tätigkeit dann noch für die angestrebte Stelle inhaltlich wichtig ist, sollten Sie die Tätigkeit stichpunktartig mit Aufgabengebieten untermauern.

Der Abschnitt **„Bildungsweg/ Ausbildung"** umfasst Studium, Ausbildung etc.

Wie auch schon beim beruflichen Werdegang, nennen Sie die letzten („aktuellsten") Stationen Ihrer Ausbildung zuerst. Die Erwähnung von Praktika macht dann Sinn, wenn sie einen Bezug zur aktuellen Stelle haben, oder erklärungsbedürftige Lücken im Lebenslauf schließen. Nachfolgend ein Vorschlag meinerseits:

Studium (Optional)

- Zeitliche Daten (Monat und Jahr)

- Name der Hochschule, Ort, ggf. Institutsbezeichnung

- Thema der Abschlussarbeit

- Studienfach mit genauer Bezeichnung der Fachrichtung

- Studienschwerpunkte

- Abschlussbezeichnung, zum Beispiel: Dipl.-Ing. (FH)

- Thema von Diplomarbeit, Bachelor- oder Master-Thesis

- gegebenenfalls Auslandssemester

Praktika (Optional)

- Zeitliche Daten (Monat und Jahr)

- Unternehmen mit exakten Firmennamen, Rechtsform und Ort

- Hauptaufgaben/ Schwerpunkte/ gegebenenfalls Projekte

Ausbildung und/oder Schule

- Zeitliche Daten (Monat und Jahr)

- Exakter Name des Ausbildungsbetriebs, Rechtsform, Ort

- Ausbildungsberuf, Schwerpunkte

- Abschlussbezeichnung

- Zeitliche Daten (Monat und Jahr)

- Exakter Name der weiterführenden Schule, Ort

- Abschluss (zum Beispiel Allgemeine Hochschulreife, Fachhochschulreife)

Die Angabe der Grundschule ist nur für Auszubildende notwendig.

Ein weiterer Hinweis betrifft eine Vorgehensweise, die ich bereits mehrmals bemerkt habe: Studien- oder Ausbildungsabschlüsse werden vorgetäuscht, obwohl sie tatsächlich gar nicht erreicht worden sind. So wird bspw. häufig formuliert:

„Studium der Betriebswirtschaftslehre an der… von… bis…"

Auf den nicht erzielten Abschluss wird jedoch nicht hingewiesen bzw. eingegangen. Diese Handhabung ist deshalb problematisch, da sich dadurch mancher

Personaler „hinters Licht geführt fühlt". Der gute Personaler bzw. die gute Personalerin wird in einem derartigen Fall sowieso das **Abschlusszeugnis** anfordern, so dass spätestens dann der Schwindel auffliegen dürfte.

Ihre „**Zusatzqualifikationen und Fortbildungen**" geben Sie dann im nächsten Abschnitt an:

Fortbildungen/ Zusatzausbildungen

- Zeitliche Daten (Monat und Jahr)

- Exakter Name des Bildungsträgers/ Interne Maßnahmen, Ort

- Art der Fortbildungsmaßnahme

- Gegebenenfalls Abschlussbezeichnung

Praxistipp:

An dieser Stelle ist in besonderem Maße zu betonen: Geben Sie vor allem die Zusatzqualifikationen an, die relevant für die neue Position sein könnten. Es sollte einen Bezug zu Ihrer angestrebten Position geben...

Haben Sie sich mehrere Zusatzqualifikationen erworben und an zahlreichen Weiterbildungsmaßnahmen teilgenommen, so sollten Sie zudem eine gezielte Auswahl nach Wichtigkeit treffen. Nennen Sie insbesondere die IHK-Fortbildungen, die eine hohe Wertigkeit besitzen.

Und: Geben Sie vor allem Weiterbildungen neueren Datums an.

Abschließend noch ein Tipp zu Fortbildungen: Ich rate Arbeitnehmern immer, <u>mindestens eine Fortbildung pro Jahr zu absolvieren.</u> Denken Sie bitte daran, dass Sie im Wettbewerb mit anderen Arbeitnehmern stehen! Heutzutage geraten auch vermeintlich sichere Unternehmen oftmals unerwartet in eine Krisensituation. Dadurch geraten auf den ersten Blick sichere Arbeitsplätze in Gefahr. Dann ist es wichtig, dass Sie im „Wettbewerb" bestehen können und „mehr" anzubieten haben, als andere Arbeitskräfte. Bitte denken Sie daran: Fortbildung macht Sie interessant!

An dieser Stelle können Sie – falls vorhanden – auch Ihre „**Auslandsaufenthalte**" anführen.

Auslandsaufenthalte (Optional)

- Zeitliche Daten (Monat und Jahr)
- Zum Beispiel Work & Travel, Au Pair-Aufenthalte, Sprachreisen

Praxistipp:

Auslandssemester platzieren Sie besser unter der Rubrik „Studium".

Im sich anschließenden Abschnitt „**Sonstige Kenntnisse und Fertigkeiten**" geben Sie bitte Ihre weiteren Kenntnisse an:

Weitere Qualifikationen, Kenntnisse

- Fremdsprachen mit Angabe der Sprache und des Kenntnisstandes (verhandlungssicher, gut, befriedigend, Grundkenntnisse)

- IT mit Angabe des Programms und des jeweiligen Kenntnisstands

Da heutzutage bei etlichen Positionen explizit Sprachkenntnisse gefordert werden, sollten diese auch unbedingt angegeben werden. Einzelne Bewerber gehen in ihrer Bewerbung mit keinem Wort darauf ein. Hier würde ich als Personalberater zunächst unterstellen, dass diese geforderten Kenntnisse nicht vorhanden sind. Sollten Sie dennoch vorhanden sein, so hat der Bewerber bzw. die Bewerberin offensichtlich die Anzeige/Ausschreibung nicht sorgfältig gelesen. Ersteres ist ein K.O.-Kriterium. Letzteres kann im persönlichen Gespräch geklärt werden.

Vor dem abschließenden Abschnitt „**Ort, Datum, Unterschrift**" können – je nach Ihrem Gusto – weitere Rubriken angegeben werden, so sie denn für die angestrebte Position von Belang sind.

Konkret denke ich an:

Angabe des Führerscheins (bei Positionen, bei denen relevant = Außendienst)

Ehrenamtliches Engagement (unter Angabe von Monat und Jahr)

- Evtl. Institution, Ort und Art des Engagements

- Ehrenamtliches Engagement sollte nicht länger als zwei Jahre zurückliegen.

Noch ein Hinweis zur eventuellen Angabe von „**Interessen, Sport, Hobbies**". Streng genommen fallen diese in den privaten und nicht in den beruflichen Bereich. Dennoch helfen diese Angaben oftmals bei der Einschätzung eines Kandidaten bzw. einer Kandidatin.

Grundsätzlich genügt es, wenn Sie wenige Tätigkeiten angeben. Denken Sie aber bitte daran, dass Personaler stets Schlüsse ziehen. Bsp.: „Triathlon" kommt gut an (Ausdauervermögen, Disziplin, positiver Einstieg in Vorstellungsgespräche), „einsame, lange Radtouren" weniger gut. Sie würden hier vermutlich als wenig kontaktfreudig eingeschätzt. „Referees" werden oftmals als natürliche Autorität geschätzt. Üben Sie eine Mannschaftssportart aus, so sagt dies viel über Ihre Teamfähigkeit aus. „Fußball" könnte jedoch schon wieder negativ eingeschätzt werden, da der Personaler Sie bereits mit einem Kreuzbandriss im Krankenhaus liegen sieht. „Tennis" ist sowieso eine Sportart für Individualisten. Sie haben hoffentlich an dieser Stelle einen gewissen Hang zur Ironie meinerseits bemerkt... Ein abschließender Tipp zur Angabe der Interessen: Ich rate dazu, keine allgemeinen Phrasen wie z.B. „Reisen" zu verwenden, sondern ein klein wenig stärker ins <u>Detail</u> zu gehen. So wecken Sie mit „Fernöstliche Kulturen" statt „Reisen" stärkere Assoziationen beim Leser. „Slow Food" wirkt spannender als „Kochen".

Der letzte Abschnitt beinhaltet dann

Ort, Datum Unterschrift *(Bitte letztere „Einscannen")*

Wie sind nun die einzelnen Rubriken „Persönliches", „Ausbildung" und „Berufserfahrung" zu gewichten?

Berufsanfänger sollten diese drei Rubriken nach dem Prinzip ca. 20 Prozent „Persönliches" und ca. 80 Prozent „Ausbildung" aufteilen.

Bewerber mit Berufserfahrung widmen dem „persönlichen Part" etwa 10 Prozent, der Rubrik „Ausbildung" ca. 30 Prozent und der „beruflichen Laufbahn" ca. 60 Prozent.

Die Königsdisziplin: Ausrichtung des Lebenslaufs auf die Stellenausschreibung

In zahlreichen Coachings ist mir aufgefallen, dass Bewerber (m/w) dazu neigen, ihren Lebenslauf zu erstellen und diesen dann immer und immer wieder zu verwenden. Da wird allenfalls gelegentlich das Datum geändert.

Ich würde anders vorgehen: Meiner Meinung nach erhöhen Sie Ihre Chancen, indem Sie Ihren Lebenslauf speziell auf das Anforderungs- und Suchprofil der jeweiligen Stellenbeschreibung ausrichten.

Dies gilt insbesondere für die Beschreibung Ihrer bisherigen Tätigkeiten im Abschnitt **„Beruflicher Werdegang/ Berufserfahrung"**. Bestimmt erinnern Sie sich noch an die oben beschriebenen drei bis fünf Stichpunkte...

Also: Wird in einer Stellenanzeige von einem Bilanzbuchhalter die „interessenwahrende Begleitung einer steuerlichen Betriebsprüfung" gefordert und Sie haben sich bereits bei einem ehemaligen Arbeitgeber mit einem Steuerprüfer „gezankt", dann schreiben Sie diese Aufgabe unter der damaligen Station auf. Werden hingegen in der Stellenanzeige „Kenntnisse in der internationalen Rechnungslegung nach IFRS" verlangt, dann sind Ihre Betriebsprüfungskenntnisse schön – aber nebensächlich. Jetzt interessiert vielmehr, dass Sie bei irgendeinem Vor-Arbeitgeber schon einmal nach „IFRS" bilanziert haben.

Im nächsten Schritt interessieren nun die Weiterbildungen, die für die konkrete Position relevant sind. Kommen wir auf unseren Bilanzbuchhalter zurück. Wenn dieser ein dreimonatiges „IFRS"-Seminar besucht hat, dann ist dieses anzuführen.

Wenn Sie diese Vorgehensweise zwei-/dreimal trainiert haben, werden Sie feststellen, dass Sie

a) kaum Zeit benötigen, um diese Modifikationen einzuarbeiten,

b) Sie selbst besser einschätzen können, ob Sie eine hohe Übereinstimmung mit dem Anforderungsprofil erreichen. Wenn Sie diesen Eindruck haben, gewinnt ihn sicherlich später auch der Personalverantwortliche...

Ein auf die Wunschstelle zugeschnittener Lebenslauf zeigt, dass ein Bewerber oder eine Bewerberin besonderes Interesse an der ausgeschriebenen Stelle hat.

Übrigens: Sie sollten Ihren ursprünglichen Lebenslauf einmal gesondert abspeichern und diese Datei dann kopieren. Die Modifikationen nehmen Sie dann in der jeweiligen Kopie vor. So behalten Sie immer eine Ursprungsfassung als Sicherung.

Grundsätzlich können Sie Ihre Lebenslauf-Sicherungsdatei auch noch nach Jahren wiederverwenden. Wenn Sie auf einen „alten" Lebenslauf zurückgreifen, sollten Sie ihn aktualisieren und die letzten beruflichen Stationen nachtragen. Dabei dürfte – insbesondere berufserfahrenen Bewerbern – der Lebenslauf über die Jahre immer länger geraten. In einem solchen Fall hilft „Ausmisten" sehr. Nicht alles ist in Ihrer aktuellen Situation noch relevant. Selbstverständlich muss ein Lebenslauf lückenlos sein. Die Grunddaten sind deshalb zwingend im Lebenslauf zu behalten. Überlegen Sie aber, welche Erfahrungen, Projekte und Erfolge überhaupt noch wichtig und für die angestrebte Stelle relevant sind. Dem Praktikum, das jemand vor zwei Jahrzehnten während des Studiums in einer Werbeagentur gemacht hat, gebührt – wenn überhaupt – allenfalls noch ein kurzer Hinweis.

Lebenslauf: Die Trends 2018

Seit einigen Jahren beobachte ich die Tendenz, Lebenslauf-Daten durch aussagekräftige Infografiken zu **visualisieren**. So werden bspw. bestimmte Sprachkenntnisse durch ein Balkendiagramm dargestellt. Ich vermute, dass sich diese „Visualisierung des Wesentlichen" in den nächsten Jahren durchsetzen wird. Allerdings können Grafiken allein oft nicht alle relevanten Informationen darstellen. Deshalb mein Ratschlag: Vor allem bei Jobs, in denen Vollständigkeit gefragt ist, sollte man die klassische Form des Lebenslaufs verwenden und Infografiken allenfalls als zusätzliches Element wählen.

An dieser Stelle möchte ich zwei Online-Tools vorstellen, mit denen Sie Ihren Lebenslauf visualisieren können:

http://resumup.com/

http://vizualize.me/

Leider sind diese beiden kostenlosen Tools augenblicklich nur in englischer Sprache verfügbar. Des Weiteren besteht bei „Vizualize.me" das Problem, dass kein Export der generierten Grafik in gängige Dateiformate wie PDF angeboten wird.

Letztendlich eignen sich die beiden Tools deshalb für deutsche Bewerber eher zum Ausprobieren. Ich gehe davon aus, dass beide Tools noch weiterentwickelt werden.

Mit einem **QR-Code** auf Ihrem Lebenslauf geben Sie dem Personalverantwortlichen die Möglichkeit, mit einem Tablet o.ä. auf Ihre weiterführenden Profile zu gelangen und so zusätzliche Informationen zu erhalten. So könnte der QR-Code bspw. auf Ihr XING-Profil verweisen.

Mehr und mehr werden im PDF-Lebenslauf **Links aktiviert**, die den Personaler auf Zusatzinformationen hinführen.

Insbesondere bei Tätigkeiten im Marketing, Vertrieb oder Human Resources wird gerne der sog. **Klout-Score** angegeben. Bei „Klout"

https://klout.com/home

handelt es sich um ein US-Unternehmen, das auf der Grundlage der Analyse von sozialen Netzwerken wie Facebook oder Twitter Ratings von Nutzern erstellt. Die Skala reicht dabei von einem Mindestwert von 1 bis zu einem Höchstwert von 100 und soll den „Online-Einfluss" einer Person dokumentieren. Mein Tipp: Bitte geben Sie diesen Score nur dann an, wenn er über 40 liegt, da der durchschnittliche „Klout-Score" um die 40 liegt.

Nachfolgend eine Anleitung zum Einscannen Ihrer Unterschrift. *Bereits vorab: Da die Einstellungen der Scanner-Software von Scanner zu Scanner variieren, kann an dieser Stelle nur die allgemeine Vorgehensweise beschrieben werden.*

Praxistipp: Einscannen der Unterschrift

Zunächst unterschreiben Sie bitte mit einem dunkelblauen, mitteldicken Füller auf einem weißen Blatt Papier. Nur zur allergrößten Not würde ich einen Kugelschreiber verwenden.

Es sollte sich um rein weißes Papier ohne Gelbstich handeln und man sollte auch nicht durch das Papier hindurchsehen können.

Scannen Sie die Unterschrift mit mindestens 300, besser 600 dpi. *Dpi ist eine Maßeinheit der Auflösung. Dabei entspricht 1 dpi 1 Bildpunkt pro Zoll (2,45 cm). Einfacher gesagt: Je mehr dpi, desto besser die Auflösung...*

Moderne Scanner scannen standardmäßig mit mindestens 300 dpi. Bitte überprüfen Sie die Einstellungen, bevor Sie mit dem eigentlichen Scan beginnen. Sie können dies in dem Softwareprogramm des Scanners tun. Leider ist jede Software individuell, so dass hier kein Hinweis gegeben werden kann, an welcher Stelle Sie in Ihrer Software die Einstellungen vornehmen können.

Nachdem Sie den Scan durchgeführt haben, speichern Sie bitte Ihr Dokument im PNG-Format (Portable-Network-Grafiken). Dies liefert erfahrungsgemäß die qualitativ besten Ergebnisse.

Ihre neue digitale Unterschrift sollte nun als PNG-Datei auf Ihrem Rechner vorliegen. Jetzt entfernen Sie bitte noch das überflüssige Weiß um Ihre Unterschrift herum, da Sie ja nicht eine ganze DIN-A4 Seite in Ihren Lebenslauf einfügen wollen, sondern nur die Unterschrift. Dies erledigen Sie bspw. mit dem Scanprogramm, indem Sie dort den Unterschriftsbereich ausschneiden.

Alternativ können Sie das Zuschneiden auch mit jedem Bildbearbeitungsprogramm, z.B. dem kostenlosen „Paint.Net", vornehmen. Sie finden Paint.Net in der Version 4.0.21 vom 16.01.2018 unter

http://www.chip.de/downloads/Paint.NET_13015268.html

zum Download.

Nachdem Sie Paint.Net installiert haben, gehen Sie bitte wie folgt vor:

- Öffnen Sie „Paint.Net",

- Klicken Sie auf „Datei", danach auf „Öffnen" und anschließend auf den Dateinamen Ihrer eingescannten Datei, um das gewünschte Bild anzuzeigen.

- Klicken Sie in der Menüleiste auf den kleinen Pfeil, der rechts neben „Werkzeug" steht und anschließend auf „Rechteckige Auswahl". Alternativ in der „Werkzeug"- oder „Toolbox", die links oben angeordnet ist, auf das Icon „Rechteckige Auswahl" oben links.

- Markieren Sie den Bereich, den Sie zuschneiden möchten.

- Klicken Sie im Menü auf „Bild" und dann „Auf Markierung zuschneiden" oder drücken Sie gleichzeitig die Tastenkombination „Strg" und „Umschalttaste" und „X", um den Zuschnitt zu übernehmen.

Sie können den Zuschnitt nun abspeichern, indem Sie „Datei" und „Speichern unter" wählen und sich einen Dateinamen ausdenken.

Ich empfehle, dafür einen geänderten Dateinamen als für die ursprüngliche Datei zu verwenden, um diese nicht zu überschreiben – falls Sie sie nochmals benötigen sollten.

Im nächsten Schritt öffnen Sie nun den Lebenslauf in „Word". Stellen Sie den Cursor an die Position, an der die Unterschriften-Grafik eingefügt werden soll. Klicken Sie in der Menüleiste auf „Einfügen", dann auf „Bilder" (oder „Grafik"), anschließend wählen Sie die Datei mit Ihrer Unterschrift aus und klicken auf „Einfügen". Die Unterschrift sollte nun in Ihrem Word-Dokument erscheinen.

Ändern Sie die Größe des eingefügten Bildes, indem Sie einmal auf das Bild klicken und es an den Ecken „ziehen".

Möchten Sie die Unterschrift verschieben, so wählen Sie bitte die „Layout-Optionen", die rechts neben Ihrem Bild auftauchen sollten. *Nur falls diese bei Ihnen nicht erscheinen: Bild markieren durch „Linksklick". Danach „Rechtsklick" auf das Bild! Anschließend „Grafik formatieren" und „Layout".*

Verwenden Sie nun bspw. die Einstellung „Hinter den Text" und klicken ein weiteres Mal in die Grafik. Ihr Cursor wird zu einem Kreuz mit 4 Pfeilen. Sie können das Unterschriften-Bild nun beliebig nach oben oder unten verschieben, indem Sie die linke Maustaste gedrückt halten.

Wenn Sie nicht Word, sondern OpenOffice oder Libre-Office verwenden, so öffnen Sie zunächst Ihren Lebenslauf. Klicken Sie in der Menüleiste von „Writer" auf „Einfügen", dann auf „Bild aus Datei", anschließend wählen Sie die Datei aus, die Ihre Unterschrift beinhaltet und klicken auf „Öffnen". Sie können bei „Writer" auf das eingefügte Bild klicken und es frei hin und her bewegen.

Die „eingescannte" Unterschrift: Notwendig oder überflüssig?

Noch einige Worte zur Notwendigkeit oder Nicht-Notwendigkeit der „eingescannten" Unterschrift...

Bei den meisten mittelständischen Unternehmen stellt es kein K.O.-Kriterium dar, wenn der Online-Lebenslauf nicht mit einer eingescannten Unterschrift signiert ist, aber nachfolgend die Aussage einer Personalleiterin:

„Eine fehlende Unterschrift auf dem digitalen Lebenslauf wird für qualifizierte Bewerber mit einer ordentlich gestalteten Bewerbung niemals ein K.O.-Kriterium sein. Ich empfehle die digitale Unter-

> *schrift dennoch, denn der Bewerber zeigt seinem potentiellen Arbeitgeber, dass er Mühen auf sich genommen hat und technisch sehr sorgfältig arbeitet, zudem... sticht er aus der Masse heraus.“*

Nun zur Formatierung Ihres Lebenslaufs.

Praxistipp:

Bitte verwenden Sie eine gut lesbare Schrift. Als Schriftarten würde ich auf die „Klassiker“ Arial, Times New Roman, Calibri, Courier oder Helvetica zurückgreifen. Insbesondere exotische Schriften sollten vermieden werden.

Mit „Fettschrift“ und „Kursiven“ sollte sparsam umgegangen werden.

Schriftarten in der Bewerbung

Innerhalb einer Bewerbung rate ich, durchgehend eine Schriftart (bspw. für Anschreiben, Deckblatt, Lebenslauf) beizubehalten.

Zum Bewerbungsfoto:

Beginnen wir mit der Theorie: Nach dem „Allge-meinen Gleichbehandlungsgesetz" („AGG") dürfen potentielle Arbeitgeber von Ihnen kein Foto mehr einfordern.

In der Praxis haben sich diese „anonymisierten" Le-bensläufe ohne Foto, die in den USA und in England bereits seit Jahren Standard sind, in Deutschland bis-lang noch nicht durchgesetzt.

Praxistipp:

Ein sympathisches und der Position angemessenes Bewerbungsfoto könnte Sie positiv von anderen Kandi-daten bzw. Kandidatinnen unterscheiden. Legen Sie deshalb Wert auf ein gelungenes Foto, auf dem Sie „sympathisch" wirken und nutzen diese Chance somit zu Ihrem Vorteil.

Ein professionelles Foto sollte zwei Kriterien erfül-len:

1. Sie fühlen sich selbst gut dargestellt. Ihre Per-sönlichkeit wird unterstrichen. Das auf dem Fo-to „sind tatsächlich Sie"!

2. Ihr Foto passt zur Zielposition und zum Arbeit-geber.

Geben Sie Ihrer Bewerbung eine individuelle Note, indem Sie die folgenden Hinweise beachten.

Praxistipps: Bewerbungsfoto

- Fotos in Passbildgröße sind „out". Ein bisschen größer darf es heutzutage schon sein. Die Standardgröße für ein Bewerbungsfoto ist 65 mm x 45 mm bei einem Seitenverhältnis von 3:4. Auch das sog. Querformat (4:3) wird akzeptiert und kann einen interessanten Akzent setzen. Bei Verwendung eines Deckblatts kann Ihr Foto tendenziell größer als auf dem Lebenslauf sein. Das Foto wird bei Verwendung eines Deckblatts auf dem Deckblatt platziert, ansonsten auf dem Lebenslauf. Also: Haben Sie Mut zur „Größe"!

- Achten Sie bitte auf ein wesentliches Detail – nämlich das Alter Ihres Fotos. Ich selbst habe bereits Vorstellungsgespräche mit Bewerbern und Bewerberinnen geführt, die ich am vereinbarten Treffpunkt erst suchen musste, da sie ganz anders ausschauten als auf ihrem Foto. Also bitte ein aktuelles Foto verwenden.

- Bei Bewerbungen für kreative Berufe darf auch das Bewerbungsfoto gerne ein klein wenig kreativ sein. Bei Bewerbungen für „klassische" Jobs (z.B. bei einer Bank) verwenden Sie bitte ein klassisches Bewerbungsfoto.

- Porträts mit überzeichneten Farben sollten vermieden werden, ebenso unter- oder überbelichtete Fotos. Graustufen können seriöser als Farbscans wirken, grelle Farben entschärfen und ergeben kleinere Dateien.

- Farbfotos oder Schwarzweiß? Sie haben die freie Entscheidung!

- Brillenträger tragen auch auf dem Foto ihre Brille.

- Ein grundsätzlicher Hinweis: Ich rate dringend an, Bewerbungsfotos ausschließlich durch professionelle Fotografen anfertigen zu lassen. Verwenden Sie keine Fotos, die Bekannte aufgenommen haben. Bedenken Sie dabei, dass Sie im Wettbewerb mit anderen Bewerbern stehen. Nutzen Sie vielmehr die Chance, Ihre Bewerbung mit einem richtig guten Foto zu unterstützen! In diesem Fall wird Ihnen der Fotograf oder die Fotografin entsprechende Tipps geben. Tipp: Bereits bei der telefonischen Terminvereinbarung können Sie den Fotografen um Rat fragen, welche Kleidung Sie zum eigentlichen Fototermin mitbringen sollten. Sagen Sie dem Fotografen, wofür Sie sich bewerben wollen…

- Vereinbaren Sie einen Termin, der Ihnen genug Zeit lässt, sich in Ruhe vorzubereiten und zurechtzumachen. Keine Hetze nach Feierabend!

- Sehen Sie sich vor dem Termin Porträt-Fotos an, die Ihnen gefallen. Helfen Sie dem Fotografen, indem Sie zum „Shooting" zwei/drei dieser Fotos mitbringen. So kann er/sie besser einschätzen, was Sie eigentlich erwarten.

- Parken Sie in der Nähe des Fotografen, ansonsten sind Sie nach 20 Minuten „Fußmarsch" im Hochsommer „fertig" – und zwar bereits vor dem „Shooting".

- Apropos Kleidung: Zum Fototermin sollten Sie sich grundsätzlich so kleiden, wie Sie auch zum Vorstellungsgespräch erscheinen würde – natürlich abhängig von Position, Unternehmen und Branche.

- Achten Sie auf einen offenen und sympathischen Blick. Mir hat ein Fotograf geraten: „Lächeln Sie mit den Augen!!!"

- Bitten Sie Ihren Fotografen um eine Voransicht und suchen Sie so gemeinsam zwei/drei ideale Fotos aus. Warum zwei/drei? So können Sie in aller Ruhe zuhause die verschiedenen Motive auswählen, die er/sie Ihnen auf CD mitgegeben hat.

- Apropos Fotograf: Bitten Sie Ihren Fotografen, Ihre Fotos auf CD zu brennen oder auf einem USB-Stick zu speichern. So entfällt für Sie der (heutzutage überflüssige) Zwischenschritt des „Einscannens". Moderne Fotografen bieten Ihnen alternativ auch die Möglichkeit, Ihre Fotos via Internet aus seiner Cloud herunterzuladen.

Wenn das Foto nun bereits als Bilddatei auf CD etc. vorliegt, dann können Sie den folgenden Praxistipp „Bewerbungsfoto einscannen" überspringen und direkt zum Praxistipp „Bewerbungsfoto einfügen" gehen.

Vorab ein Hinweis zum Einscannen Ihres Bewerbungsfotos: Manche Fotografen verwenden ein spezielles Fotopapier, welches mit einem feinen Seidenraster überzogen ist. Mit einer solchen Oberfläche kommen klassische Flachbettscanner nicht klar, so dass eine Digitalisierung nicht gelingt.

Praxistipp: Bewerbungsfoto einscannen

Falls Sie vom Fotografen keine Datei erhalten haben, so scannen Sie in einem ersten Schritt Ihr Bild mit 300 dpi ein und speichern es als JPEG-Datei ab. Dadurch erzielen Sie gute Ergebnisse bei einer akzeptablen Dateigröße. PNG- oder BMP-Dateien werden oft zu groß.

- Im Detail sollten Sie zunächst das Vorlagenglas Ihres Scanners reinigen und Ihr Foto gerade!!! auf dem Scanner positionieren.

- Viele der heutzutage gängigen Scanprogramme bieten einen einfachen sowie einen erweiterten Scanmodus. Im einfachen Scanmodus müssen Sie keinerlei manuelle Einstellungen der Scanauflösung vornehmen. Entsprechende Auswahlmodi wie beispielsweise „Dokument", „Foto" etc. können Sie in Ihrer Scansoftware wählen. *Allgemeine Ratschläge kann ich an dieser Stelle nicht geben, da nahezu jeder Scanner-Hersteller unterschiedliche Software einsetzt.*

- Sofern Sie vorhaben, die Größe Ihres Dokuments nach dem Scan zu verändern, sollten Sie vorher auf den erweiterten Scanmodus ausweichen. Im erweiterten Modus legen Sie die Scanauflösung selbst fest. Soll das Dokument im Vergleich zur Vorlage identisch groß oder kleiner sein, so sind Sie mit einem dpi-Wert von 600 bis 1200 dpi auf der sicheren Seite.

- Für gewöhnlich wird Ihr Scanner die Bilddatei im RGB-Farbraum abspeichern. Evtl. sollten Sie diese Einstellung ändern und Ihre Dokumente als CMYK-Datei abspeichern (erstklassiger Druck -> 24 Bit Farbmodus als CMYK-Datei). Speichern Sie Ihr eingescanntes Bewerbungsfoto im JPEG-Format (wg. der Dateigröße) ab. Nur zur größten Not weichen Sie auf das TIFF- bzw. TIF-Format aus.

Für den – ungewöhnlichen – Fall, dass Sie Ihr Foto noch zuschneiden müssen und die Scan-Software dies nicht hergibt, sollten Sie ein Bildbearbeitungsprogramm, z.B. das kostenlose „Paint.Net", verwenden. Sie finden Paint.Net in der Version 4.0.21 vom 16.01.2018 unter

http://www.chip.de/downloads/Paint.NET_13015268.html

zum Download.

Nachdem Sie Paint.Net installiert haben, gehen Sie bitte wie folgt vor:

- Öffnen Sie „Paint.Net",

- Klicken Sie auf „Datei", danach auf „Öffnen" und anschließend auf den Dateinamen Ihrer eingescannten Datei, um das gewünschte Bild anzuzeigen.

- Klicken Sie in der Menüleiste auf den kleinen Pfeil, der rechts neben „Werkzeug" steht und anschließend auf „Rechteckige Auswahl". Alternativ in der „Werkzeug"- oder „Toolbox", die links oben angeordnet ist, auf das Icon „Rechteckige Auswahl" oben links.

- Markieren Sie den Bereich, den Sie zuschneiden möchten.

- Klicken Sie im Menü auf „Bild" und dann „Auf Markierung zuschneiden" oder drücken Sie gleichzeitig die Tastenkombination „Strg" und „Umschalttaste" und „X", um den Zuschnitt zu übernehmen.

Sie können den Zuschnitt nun abspeichern, indem Sie „Datei" und „Speichern unter" wählen und sich einen Dateinamen ausdenken.

Ich empfehle, dafür einen geänderten Dateinamen als für das ursprüngliche Bild zu verwenden, um dieses nicht zu überschreiben – falls Sie nochmals das Original benötigen sollten.

Wenn Ihr Fotograf Ihnen das bzw. die Fotos bereits auf CD mitgegeben hat, so entfallen die eben beschriebenen (und lästigen) Schritte.

Praxistipps: Bewerbungsfoto in Word, OpenOffice etc. einfügen

- Öffnen Sie Ihren Lebenslauf (alternativ Ihr Deckblatt) im Word. Stellen Sie den Cursor an die Position, an der die Bilddatei eingefügt werden soll. Klicken Sie in der Menüleiste auf „Einfügen", dann auf „Bilder" (oder „Grafik"), wählen Sie die Bilddatei mit Ihrem Foto aus (bei einer CD wahrscheinlich auf Laufwerk D oder E) und klicken auf „Einfügen". Ihr

Foto sollte nun in Ihrem Word-Dokument erscheinen.

- Ändern Sie die Größe des eingefügten Bildes, indem Sie einmal auf das Bild klicken und es an den Ecken „ziehen".

- Möchten Sie das Foto verschieben, so wählen Sie bitte die „Layout-Optionen", die rechts neben Ihrem Bild auftauchen sollten. *Nur falls diese bei Ihnen nicht erscheinen: Foto markieren durch „Linksklick". Danach „Rechtsklick" auf das Bild! Anschließend „Grafik formatieren" und „Layout".*

- Verwenden Sie bspw. die Einstellung „Hinter den Text" und klicken ein weiteres Mal in die Grafik. Ihr Cursor wird nun zu einem Kreuz mit 4 Pfeilen. Sie können das Bild nun beliebig nach oben oder unten verschieben, indem Sie die linke Maustaste gedrückt halten.

- Wenn Sie nicht Word, sondern OpenOffice oder LibreOffice verwenden, so öffnen Sie zunächst Ihren Lebenslauf. Klicken Sie in der Menüleiste von „Writer" auf „Einfügen", dann auf „Bild aus Datei", anschließend wählen Sie die Datei aus, die Ihr Bild beinhaltet und klicken auf „Öffnen". Sie können bei „Writer" auf das eingefügte Bild klicken und es frei hin und her bewegen.

Kommen wir nun zum eigentlichen Lebenslauf, dessen Fertigstellung und Speicherung zurück.

Praxistipps: Lebenslauf als „PDF"-Datei abspeichern

- Nachdem Sie den Lebenslauf fertiggestellt haben, lassen Sie ihn bitte zuerst durch die Rechtschreibprüfung überprüfen. Dazu bei „Word" das Register „Überprüfen" anwählen, danach links den Haken „Rechtschreibung und Grammatik" klicken. Bei „Writer" klicken Sie bitte auf die Schaltfläche „Rechtschreibprüfung". Dadurch wird das Dokument überprüft und die Dialogbox Rechtschreibprüfung geöffnet, wenn ein falsch geschriebenes Wort gefunden worden ist. Im Rahmen der Rechtschreibprüfung werden Sie vermutlich noch das eine oder andere verkehrt geschriebene Wort „nachbessern" müssen.

- Nachdem Sie das Schriftstück beendet haben, speichern Sie den Lebenslauf direkt als PDF ab. Bei „Word" wählen Sie dazu im Register „Datei" die Option „Speichern unter". Hier können Sie den Speicherort auswählen und tippen neben „Dateiname" den Namen für das Dokument ein.

- Im Anschluss öffnen Sie das Klappmenü neben der Option „Dateityp". Jetzt scrollen Sie bis zum Eintrag „PDF (*.pdf)" und klicken diesen einmal mit der rechten Maustaste an. Der Dateityp wechselt auf „PDF (*.pdf)". Sie lassen die Einstellung „Optimieren für" bitte unbedingt bei „Standard" (nicht „Minimale Größe wählen"), da der Personaler den Lebenslauf eventuell ausdrucken möchte. Über den Schaltknopf „Speichern" legen Sie die Word-Datei dann als PDF-Dokument im zuvor gewählten Ordner ab.

- Bei „Writer" (OpenOffice/LibreOffice) klicken Sie einfach – nachdem das Dokument in der gewünschten, abgeschlossenen Form vorliegt – auf das „PDF"-Icon in der Symbolleiste. Geben Sie nun noch einen passenden Dateinamen ein, klicken auf „Speichern" … et voilà: Die Konvertierung von der OpenOffice/LibreOffice-Datei in das PDF-Dokument ist vollbracht!

- Wählen Sie nun bitte einen Datei-Namen, bei dem die Unternehmensempfänger genau erkennen, was/wer dahintersteckt, z.B.: „Lebenslauf Max Mustermann ABC GmbH.pdf"

Abschließend empfehle ich in allen Textverarbeitungen, die fertige PDF-Datei – d.h. Ihren Lebenslauf – noch einmal probeweise auszudrucken, um zu prüfen, ob alles gut lesbar ist und auch das Foto im ausgedruckten Zustand gut zur Geltung kommt. Achten Sie auch darauf, dass rund um die Unterschrift nicht unschöne Ränder/Linien etc. auftauchen.

Zum guten Schluss: So wird Ihr Lebenslauf geprüft...

1) Persönliche Daten vollständig?

2) Aktuelle Position und Aufgaben? Aktuelle Branche? *Deshalb mein obiger Tipp, den Lebenslauf gegenchronologisch aufzubauen und mit der aktuellsten Position zu beginnen.*

3) In welchen Positionen haben Sie in welchen Branchen wie lange welche Aufgaben erledigt? Über welche Berufserfahrungen und Kompetenzen verfügen Sie? Stimmen diese mit dem Anforderungsprofil der zu besetzenden Position überein?

4) Welche Fähigkeiten und Kenntnisse haben Sie? Entsprechen diese den Anforderungen?

5) Wie häufig haben Sie Ihre Arbeitgeber gewechselt? Gibt es Brüche?

6) Höchster Studien-, Berufsausbildungs- und Schulabschluss? *Idealfall: Zügig studiert und gute Zensuren!*

7) Runden Ihre persönlichen Eigenschaften und privaten Interessen das Gesamtbild ab?

8) Formale Prüfung, z.B.: Ist Ihr Lebenslauf lückenlos? Stimmen die angegebenen Ein- und Austrittsdaten mit den Arbeitszeugnissen überein?

9) Kontaktdaten

6.3. Arbeitszeugnisse

Arbeitszeugnisse geben dem erfahrenen Personaler bzw. der erfahrenen Personalerin Hinweise, die bei der Bewertung der Bewerbungsunterlagen berücksichtigt werden. Allerdings ist zu bedenken, dass viele Zeugnisschreiber – gerade in kleineren Unternehmen und Handwerksbetrieben – wenig Übung darin haben, Arbeitszeugnisse auszustellen. Des Weiteren ist die Arbeitsgerichtsbarkeit in Deutschland recht „arbeitnehmerorientiert" ausgerichtet, so dass viele Arbeitgeber Zeugnisse eher „verklausulieren". Deshalb haben Zeugnisse nach meinen Erfahrungen – auch aus zahlreichen Gesprächen mit Personalverantwortlichen – nur eine begrenzte Aussagekraft.

Kommen wir nun zu den „technischen Fragestellungen":

Vorab: „No-Go"

Bei eingescannten Zeugnissen sind schiefe oder unlesbare Seiten oder gar eine falsche Reihenfolge von Seiten „No-Gos".

Bitte auch nur „leicht schiefe" Seiten noch einmal überarbeiten!

Achten Sie unbedingt auf eine einwandfreie Qualität.

Farbscans erhöhen die Dateigröße unnötig und können bei verschiedenfarbigen Zeugnissen bzw. Logos zu einem unruhigen Gesamtbild des Dokuments führen. Schwarzweiß-Scans weisen oft einen „Fotokopie-Effekt" auf. Ich empfehle deshalb, <u>Grautöne</u> zu bevorzugen.

Praxistipp:

Bitte fassen Sie alle Zeugnisse in einer einzigen „PDF"-Datei zusammen. Mehrere Zeugnisdateien mit unterschiedlichen Namenskonventionen oder gar Dateiformaten machen keinen guten Eindruck. Die Zeugnisse werden wiederum wie folgt sortiert:

1. Zwischenzeugnis (falls vorhanden)

2. Aktuellstes Arbeitszeugnis zuoberst

3. Weitere Arbeitszeugnisse absteigend

4. Studienzeugnis (falls vorhanden)

5. Berufsausbildung

6. Höchstes Schulabgangszeugnis

Anschließend folgen die Zertifikate – aber nicht alle! Nur die zielrelevanten Zertifikate mit Bezug zu der Stellenanzeige sollten beigefügt werden. Die Zertifikate werden dabei zeitlich absteigend sortiert.

Auch Zeugnisse bzw. Zertifikate, die lediglich als „Bilddatei" und nicht im „PDF"-Format gespeichert werden, sollten vermieden werden.

Eine gute Freeware zum Einscannen und gleichzeitigen Umwandeln ins PDF-Format (auch gleich mehrerer Seiten) ist „WinScan2PDF". Mit „WinScan2PDF" erstellen Sie im Normalfall je Zeugnis eine „PDF", die Sie hinterher mit der Software „PDF-Binder" zusammenfügen können. Übrigens: Sie können mit „WinScan2PDF" auch gleich mehrere Zeugnisse in eine PDF-Datei einfügen und sich so den Schritt des Zusammenfügens sparen. Stellen Sie dabei das neueste Zeugnis auf die erste/oberste Seite der PDF.

Die Benutzeroberfläche von „WinScan2PDF" ist – nennen wir es – überschaubar gehalten.

Praxistipp: Dokumente einscannen mit „WinScan2PDF"

Streng genommen gibt es nur die Möglichkeit, eine „Quelle auszuwählen" (Ihren Scanner, der nach der Installation von „WinScan2PDF" automatisch voreingestellt sein sollte), „mehrere Seiten" (oder nur eine) auszuwählen, indem Sie einen Haken setzen und abschließend einen „Scan" zu starten oder abzubrechen.

Geheimtipp: Klicken Sie doch einmal auf die kleine Raute „#" ganz rechts unten. Es öffnet sich ein Fenster, welches Ihnen die Möglichkeit bietet, hier bereits die Qualität (und damit auch Größe) der generierten „PDF"-Datei festzulegen.

Haben Sie „Scan" gewählt, so können Sie im nächsten Fenster (Überschrift: „Was soll gescannt werden?") weitere Einstellungen vornehmen:

- Sind Ihre Zeugnisse nicht geheftet, so können Sie – falls Sie über einen Scanner mit automatische Dokumentenzuführung („ADF") verfügen, die Zeugnisse sortieren, gleich zusammen in den Einzugsschacht einlegen und unter „Papierquelle" die Quelle „Papiereinzug" auswählen. Dadurch werden alle eingelegten Zeugnisse automatisch nacheinander eingescannt, ohne dass Sie ständig für jedes Blatt den Deckel des Scanners öffnen müssen.

- Wie gesagt empfehle ich hier die Voreinstellung „Graustufenbild" (zweite von oben). Das einzelne Zeugnis sollte in diesem Fall eine noch akzeptable Größe von rund 400 KB erhalten, was ein guter Kompromiss zwischen Größe und Lesbarkeit des Ausdrucks darstellt.

- Vor dem Scan gehen Sie bitte auf „Vorschau" und ziehen unbedingt alle 4 Ecken der Vorlage ganz nach außen. Alternativ taucht bei manchen Scannern unter „WinScan2PDF" das Auswahlfeld „Seitengröße" auf. Wer dort „A4" auswählen kann, braucht später nicht zu „Ziehen".

Danach „Scannen" drücken, im folgenden Fenster einen Dateinamen eingeben und das Abspeichern nicht vergessen…

Nachdem Sie Ihre Zeugnisse eingescannt haben, sollten Ihnen im Normalfall mehrere PDF-Dateien vorliegen (es sei denn, Sie haben bereits die Funktion „mehrere Seiten scannen" verwendet).

Bitte hängen Sie nun diese ganzen Zeugnis-Dateien nicht einzeln an Ihre E-Mail an, sondern fügen Sie die Dateien vorher zu einer einzigen Zeugnisdatei zusammen.

Starten Sie dazu die kostenlose Software „PDF-Binder". Auch der „PDF-Binder" ist ein recht überschaubares und simples Werkzeug.

Praxistipp Variante 1:

Mehrere „PDF"-Dateien zu einem einzigen „PDF"-Dokument zusammenfügen

- Klicken Sie auf „+ Add File", um eine einzelne Zeugnis-Datei aufzurufen. Wiederholen Sie dies für alle Zeugnisse.

- Mit den Pfeilen können Sie – falls erforderlich – die Reihenfolge der Zeugnisse ändern. Einfach hoch unter runter schieben. Die oberste „PDF"-Datei ist dabei auch im Ausdruck an oberste Stelle.

- Mit dem roten „-" können Sie einzelne Zeugnisse entfernen.

- Abschließend klicken Sie bitte auf „Bind", um zu Ihrem Ziel zu gelangen und eine einzelne PDF-Datei zu generieren.

Beim Abspeichern denken Sie bitte an die o.g. sinnvolle Benennung der Datei (z.B. Arbeitszeugnisse Max Mustermann).

Wenn Sie die oben genannten Arbeiten lieber mit dem „PDF24 Creator" durchführen möchten, starten Sie bitte letzteren durch Doppelklick auf das Desktopsymbol „PDF24".

Praxistipp Variante 2:

Mehrere „PDF"-Dateien zu einem einzigen „PDF"-Dokument zusammenfügen

- Nachdem der „PDF24 Creator" gestartet ist, klicken Sie auf die Schaltfläche „PDF Creator".

- Ziehen Sie einfach ein PDF-Zeugnis in das große dunkelgraue Feld, das sich in der rechten Bildschirmhälfte geöffnet hat.

- Wiederholen Sie dies mit Ihren weiteren PDF-Arbeitszeugnissen.

- Sie können nun mit den beiden Pfeilen im oberen horizontalen Bereich – falls erforderlich – die Reihenfolge der Zeugnisse ändern. Einfach hoch unter runter schieben.

- Haben Sie Ihre Sortierarbeiten fertiggestellt, so können Sie durch Klick auf die beiden ineinander greifenden Kreise (links neben dem „Mülleimer"-

Symbol) die einzelnen PDFs zu einer einzigen PDF-Datei verbinden.

- Abschließend speichern Sie die neue PDF-Datei durch Klick auf das „Disketten"-Symbol. Es öffnet sich ein weiteres Fenster mit etlichen Einstellmöglichkeiten (z.B. Auflösung), die Sie aber auch voreingestellt lassen können.

Insbesondere wenn viele Zeugnisse einzuscannen waren, kann die finale „PDF"-Datei recht groß ausfallen. Bedenken Sie, dass die meisten Unternehmen nur eine Dateigröße von maximal 5 MB entgegennehmen. *Dies variiert von Unternehmen zu Unternehmen.*

In einem solchen Fall kommt noch der „PDFCompressor 2018" von Abelssoft oder alternativ der „PDF Reducer" zum Einsatz.

Insbesondere der „PDFCompressor" ist ein sehr einfach zu bedienendes Tool. Leider handelt es sich hier „lediglich" um eine Testversion. Wer allerdings nur einmalig seine Zeugnisdateien verkleinern und diese später immer wieder verwenden möchte, kann diese Testversion verwenden. Letztere läuft 30 Tage, enthält „Reklame" und erlaubt es, exakt 10 PDF-Dateien zu verkleinern. Wer damit nicht auskommt, kann die Vollversion kaufen oder alternativ zum kostenlosen „PDF Reducer" greifen.

Wenn Sie den „PDF Reducer" verwenden wollen, sollten Sie allerdings ein klein wenig Englisch ver-

stehen, da es dieses Tool nicht mit deutscher Menü-
führung gibt.

Praxistipps: 2 Varianten zur

Verkleinerung von „PDF"-Dokumenten

Variante 1: „PDFCompressor 2018"

- Bitte starten Sie den „PDFCompressor".

- Nun schieben Sie die zu komprimierende „PDF"-
Datei einfach per „Drag&Drop" in den gestrichelten
Bereich. *Alternativ können Sie natürlich auch über
„Öffnen" gehen und dann die zu komprimierende Datei
auswählen...*

- Im nächsten Schritt können Sie nun die Komprimie-
rungsstärke verstellen, indem Sie einfach „am Reg-
ler drehen". Probieren Sie es doch einmal aus... *Bedenken Sie bitte, dass eine sehr hohe Komprimierung auch
zu einer deutlich schlechteren Qualität des Dokuments
führen kann.*

- Drücken Sie nun auf den „Komprimieren"-Button
und wählen Sie ein Verzeichnis aus, in dem dann
die neue Datei landet.

- Abschließend sehen Sie, welche Größe die neue
Datei im Vergleich zu der Ausgangs-„PDF" hat.

Variante 2: „PDF Reducer Free"

- Achtung: Ihr erster Schritt sollte bei diesem Tool
darin bestehen, einen neuen Ordner anzulegen, in

dem sich nur die zu komprimierenden „PDF"-Dateien befinden dürfen. Hintergrund: Statt die zu komprimierenden Dokumente direkt auswählen zu können, müssen Sie bei dieser Software einen ganzen Ordner angeben und in diesem Ordner dürfen sich nicht noch weitere Dateien in anderen Dateiformaten befinden.

- Bitte starten Sie nun den „PDF Reducer Free". Achtung: Beim Start werden Sie gefragt, ob Sie die kostenpflichtige Version kaufen möchten. Da für Ihre privaten Zwecke die kostenlose Version ausreichend sein dürfte, klicken Sie besser nicht links auf „Buy the Professional version", sondern rechts auf „OK".

- Im nächsten Abschnitt wählen Sie Ihren zuvor eingerichteten Ordner mit den zu komprimierenden PDFs als „Source" aus und legen unter „Destination" einen Zielordner für die fertigen Dateien fest.

- Danach drücken Sie „Start Batch".

- Abschließend prüfen Sie, welche Größe die neue Datei im Vergleich zu der Ausgangs-„PDF" hat.

- Hinweis: Sollten Sie mit Komprimierung nicht zufrieden sein, so bietet der „PDF Reducer Free" unter „Options" mehrere „Stellschrauben" zur Justierung an, z.B. unter „Compression" und „Images", wo Sie die Bildqualität einstellen können.

Praxistipp: Ausdruck

Zum Abschluss: Nachdem Sie die finale PDF-Zeugnisdatei erstellt haben, drucken Sie diese Datei bitte einmal komplett aus: Ist alles lesbar? Wie ist das Druckbild? Haben die Zeugniskopien innerhalb der PDF-Datei die gleiche Größe?

Der Personaler wird die Datei von einem interessanten Kandidaten vermutlich auch ausdrucken. Was am Bildschirm noch gut lesbar erscheint, kann auf Papier „verpixelt" sein.

Wenn Sie bei „WinScan2PDF" in den Einstellungen 300dpi ausgewählt haben, sollte alles gut lesbar sein.

Eine Anmerkung: Fordert ein Unternehmen sehr kleine Dateien, so sind diese für Ausdrucke nicht mehr verwendbar. Vermutlich wollen die Personaler die Zeugnisse zunächst nur am Bildschirm lesen. Eine solche Datei sollte nur dann verschickt werden, wenn das Unternehmen explizit kleine Dateien wünscht.

Wenn nun jemand auf die abstruse Idee gekommen sein sollte, einfach ein eher schlechtes Zeugnis unter Verwendung eines digitalen Bildbearbeitungsprogramms zu „tunen", d.h. „einzuscannen" und am PC durch Umformulierungen zu „manipulieren", so rate ich Ihnen dringend davon ab. Gefälschte Zeugnisse sind das „No-Go" schlechthin! Auch lasse ich mir gelegentlich zum ersten persönlichen Gespräch die Originalzeugnisse mitbringen oder gar beglaubigte Kopien vorlegen.

Arbeitszeugnisse: Gut zu wissen...

Abschließend noch einige Hinweise und Tipps inhaltlicher Art:

- Bitte achten Sie bei Ihren Arbeitszeugnissen darauf, dass alle wesentlichen **Tätigkeiten** aufgeführt sind. Als Personalberater schaue ich mir diese Tätigkeiten an und gleiche sie mit dem Anforderungsprofil der zu besetzenden Position ab. Wenn hier bspw. bei einem Buchhalter vergessen worden wäre, dass er – neben laufenden Tätigkeiten – auch Jahresabschlussarbeiten verrichtet hat, wäre das für ihn ein gravierender Nachteil.

- Gleichen Sie die **Tätigkeiten**, die Sie bei der jeweiligen Stelle im **Lebenslauf** angeben mit der **Darstellung** Ihres ehemaligen Arbeitgebers **im Arbeitszeugnis** ab.

- Fügen Sie bitte nicht nur die **Urkunde** Ihres erfolgreichen Studienabschlusses (Bachelor-Urkunde, Diplom-Urkunde etc.) bei, sondern auch das **Zeugnis**, aus dem sich die in den einzelnen Fächern erzielten Noten ergeben. Ansonsten würde ich als Personaler vermuten, dass es sich tendenziell um ein schlechtes Zeugnis handelt.

- Weisen Sie alle Stationen Ihres **Lebenslaufes** durch **Arbeitszeugnisse** nach. Fehlende Zeugnisse (oder die Vorlage von Zwischenzeugnissen nach Beschäftigungsende) deuten darauf hin, dass etwas „verschleiert" werden soll, z.B. eine arbeitgeberseitige Kündigung, das exakte Austrittsdatum etc.

- Gleichen Sie die **Ein- und Austrittsdaten** Ihres **Lebenslaufes** mit den **Angaben** in den einzelnen **Arbeitszeugnissen** ab. Ich mache das grundsätzlich auch und Sie glauben gar nicht, wie viele Kandidaten (m/w) ich schon auf Unstimmigkeiten hinweisen musste. *Übrigens: Nahezu alle Unstimmigkeiten resultierten aus Fehlern der ehemaligen Arbeitgeber, die dann korrigierte Zeugnisse ausstellten...*

- Verfassen Sie nur dann **Kurzbewerbungen**, wenn letztere ausdrücklich angefordert werden. Wer für seine eigene berufliche Zukunft nicht genügend Zeit aufbringen kann, um zumindest seine Bewerbungsunterlagen adäquat und ordentlich zusammenzustellen, nimmt die Bewerbung im Regelfall nicht wirklich ernst.

- Gerade der **Schluss eines Zeugnisses** kann Hinweise auf die Leistung erbringen. <u>Bedauert</u> der Arbeitgeber das Ausscheiden eines Arbeitnehmers bzw. einer Arbeitnehmerin ausdrücklich, <u>dankt</u> er dem/der Arbeitnehmer/-in und spricht zudem gute <u>Wünsche für die Zukunft</u> aus, so deutet dies zumeist auf besondere Zufriedenheit hin. *Zu bedenken ist dabei insbesondere, dass eine derartige Schlussformulierung im Normalfall nur schwerlich einklagbar sein dürfte. Nach geltender Rechtsprechung besteht nämlich kein Rechtsanspruch darauf.* Anders: Der Arbeitgeber hat an dieser Stelle die Möglichkeit, eine nominal sehr gute Leistung wieder zu entwerten.

6.4. Deckblatt

Wahlweise kann den Bewerbungsunterlagen ein persönliches Deckblatt hinzugefügt werden („besondere Note", „Abheben von anderen Bewerbern").

Wenn das Deckblatt optisch ansprechend gestaltet ist, kann es beim Betrachter Neugierde und Sympathie wecken. Letztendlich kann es sich um ein hübsches Detail handeln, das Ihren Unterlagen einen schönen Rahmen verschafft.

Zielsetzung:

- Positiver „erster Eindruck"

- Neugierig auf weitere Informationen machen

- Wiedererkennungswert geben

- Einen kleinen Einblick in die eigene Persönlichkeit geben

- Funktion eines Titelblatts

- Inhaltsverzeichnis

An dieser Stelle möchte ich Ihnen einmal kurz aufzeigen, auf welch hohem Niveau inzwischen Deckblätter gestaltet werden. So können Sie sich unter

http://photo-one.de/bewerbung.html

einige – wie ich finde – sehr gelungene Deckblätter des Fotografen Arek Sawko ansehen. *Anmerkung am Rande: Ich bekomme von Herrn Sawko weder Geld noch eine sonstige Gegenleistung für diese Erwähnung.*

Durch das Inhaltsverzeichnis des Deckblatts wird dem Leser ermöglicht, einen schnellen Überblick über die Zeugnisunterlagen zu bekommen, ohne sie einzeln durchgehen zu müssen.

Das Inhaltsverzeichnis sollte aber nur dann angefertigt werden, wenn den Unterlagen mehrere Zeugnisse beigefügt werden.

Achtung: Überladene Deckblätter ohne klare Struktur können auf den Betrachter abschreckend wirken!

Der guten Ordnung halber: Das Deckblatt gehört hinter das Anschreiben und ist damit die erste Seite in einer Bewerbungsmappe. Es führt zu dem weiteren Inhalt und bildet einen ansprechenden Rahmen für die folgenden Seiten.

Am Rande: Bewerbungsschreiben und Bewerbungsfoto sind keine Anlagen und werden deshalb nicht als solche aufgeführt.

Praxistipp: Anordnung des Fotos

Positionieren Sie Ihr Foto auf dem Deckblatt so, dass Sie in das Blatt hineinschauen. Wer also nach links schaut, dessen Bild kommt auf die rechte Seite.

Checkliste 3: Inhalt Deckblatt	
Aussagekräftiger Titel/Betreff, wie „Bewerbung als…" oder „Bewerbungsunterlagen" inklusive Referenznummer *(falls vorhanden)*	
Foto: Wenn Sie das Foto unterhalb der Überschrift platzieren, haben Sie als „Nebenwirkung" mehr Platz auf Ihrem Lebenslauf	
Name des Unternehmens, bei dem Sie sich bewerben	
Vor- und Zuname	
Vollständige Anschrift	
Kontaktmöglichkeiten (Telefon, Mobil, E-Mail)	
Inhaltsverzeichnis *Durch das Inhaltsverzeichnis wird dem Leser ermöglicht, einen schnellen Überblick über die Zeugnisunterlagen zu bekommen, ohne sie einzeln durchzugehen. Das Inhaltsverzeichnis sollte aber nur dann angefertigt werden, wenn den Unterlagen mehrere Zeugnisse beigefügt werden. Am Rande: Bewerbungsschreiben und Bewerbungsfoto sind keine Anlagen und werden daher im Inhaltsverzeichnis nicht separat aufgeführt.*	

> **Evtl. Eigenschaften *(max. 3)*, Lebensmotto, Zitat**
>
> *Apropos Lebensmotto bzw. Zitat: Nur wenn das Motto/Zitat „umwerfend" ist und „wie die Faust aufs Auge" zu Ihnen passt, sollten Sie es verwenden. Im Zweifel besser weglassen...*

Beim Deckblatt können Sie mit Schriftarten, Schriftgrößen und Textanordnungen frei experimentieren. Falls Ihnen die Schriftarten der in diesem Ratgeber genannten Office-Programme nicht ausreichen, so empfehle ich Ihnen einen Blick auf den folgenden Artikel zu werfen:

https://www.saxoprint.de/blog/kostenlose-schriftarten/

Die Aufstellung enthält etliche Schriftarten zum freien Download. Ob die Verwendung privat oder auch kommerziell erfolgen darf, kann der jeweiligen Lizenzangabe entnommen werden. Nach Download und Installation einer ausgewählten Schriftart ist diese normalerweise automatisch in Ihr Office-Programm integriert worden.

Schriftarten in der Bewerbung

Innerhalb einer Bewerbung rate ich, durchgehend eine Schriftart (bspw. für Anschreiben, Deckblatt, Lebenslauf) beizubehalten.

Einige richtig gelungene Deckblatt-Vorlagen finden Sie unter

https://www.audimax.de/bewerbung/deckblatt/

6.5. Nachbearbeitung: Meta-Daten entfernen

Office-Dokumente, PDFs und andere Dateitypen enthalten in den sogenannten Metadaten Informationen, die auf den ersten Blick nicht sichtbar sind, jedoch vieles verraten können.

So enthalten Office-Dokumente bspw. Informationen zum Autor, letzte Änderungen, die verwendete Software-Version und vieles mehr. Diese Angaben sind auch in PDF-Dateien enthalten, die mit der Export-Funktion von OpenOffice oder Microsoft Office erstellt wurden.

Im Rahmen einer Bewerbung ist es aus meiner Sicht ratsam, diese „überflüssigen" Informationen zu bearbeiten oder besser ganz zu entfernen. Beim „Anonymisieren" hilft Ihnen das kostenlose Tool „Becypdfmetaedit".

Öffnen Sie „Becypdfmetaedit". Laden Sie dann die zu säubernde PDF-Datei. Auf dem Reiter „Metadaten" klicken Sie anschließend auf den Button "Alle Felder löschen" und auf dem Reiter „Metadaten XMP" setzen Sie einen Haken vor „XMP-Metadaten beim Speichern des Dokuments entfernen". Anschließend speichern Sie das gesäuberte Dokument („Speichern unter"). Denken Sie – wie oben erläutert – an den aussagefähigen Dateinamen.

6.6. Versand

Abschließend noch einige Tipps zum Versand Ihrer Bewerbung.

Natürlich sollte die E-Mail-Bewerbung individuell auf das Unternehmen zugeschnitten sein. Bitte verschicken Sie keine Massen-E-Mails! Fordert ein Unternehmen beispielsweise neben Zeugnissen noch Referenzen oder Arbeitsproben, so sollten Sie diese unbedingt mitschicken.

Vermeiden Sie „Emoticons" wie zum Beispiel ;-) und verzichten Sie auf die sogenannte Surfsprache („MFG" etc.).

Wählen Sie als E-Mail-Format „Rein-Text" bzw. „Nur-Text", da E-Mails im HTML-Format oft nicht richtig dargestellt werden. *Beim kostenlosen E-Mail-Programm „Mozilla Thunderbird" stellen Sie „Nur-Text" beispielsweise unter „Extras", „Konten-Einstellungen" sowie „Verfassen & Adressieren" ein, indem Sie den Haken vor „Nachrichten im HTML-Format verfassen" entfernen.*

Versenden Sie Ihre Bewerbung nicht an allgemeine E-Mail-Adressen, wie zum Beispiel info@firmenname.de, sondern immer an konkrete Personen. Ausnahme: Die allgemeine E-Mail-Adresse ist explizit in der Stellenanzeige angegeben.

Bewerben Sie sich auf eine Stellenanzeige nur einmal. Entweder auf dem Postweg oder via E-Mail/Onlineformular.

Verwenden Sie ausschließlich Ihre private E-Mail-Adresse. Letztere sollte natürlich nicht aus Phantasie-Namen bestehen. Achten Sie auf Seriosität. Ich selbst habe schon eine E-Mail-Bewerbung von einer „JansDream@..." erhalten. Optimal sind Adressen nach dem Muster

„Vorname.Nachname@provider.de".

Haben Sie noch keine solche E-Mail-Adresse, so empfehle ich Ihnen ein kostenloses E-Mail-Postfach bei dem kleinen Anbieter „Mail.de":

https://mail.de/

Vorteile: Die Kombination aus Ihrem Vor- und Nachnamen dürfte noch „frei" sein, da dieser Anbieter dem „Massenpublikum" kaum bekannt sein dürfte. Des Weiteren: Kaum Spam! Seriöse E-Mail-Adresse! Entscheiden Sie sich bei „Mail.de" für die kostenlose Variante „Free-Mail" – es sei denn, Sie möchten mehr Komfort und einen größeren Leistungsumfang haben und dafür monatlich Geld bezahlen.

Praxistipps:

- Bevor Sie Ihre Bewerbungs-E-Mail an ein Unternehmen absenden, schicken Sie eine Test-E-Mail an eine(n) Bekannte(n) oder sich selbst. So wissen Sie, wie Ihre Bewerbung beim Empfänger ausschaut.

- Rufen Sie Ihre E-Mails bis ca. drei/vier Wochen nach einem Bewerbungsversand mindestens zweimal täglich ab und lassen Sie Ihr Handy angeschaltet. Bitte laden Sie es auch regelmäßig auf...

7. Online-Bewerbungsformulare

Diese Form der Bewerbung hat sich in den letzten Jahren immer mehr verbreitet und etabliert. So bieten heutzutage die meisten „Jobbörsen" die Möglichkeit, dass man seine Bewerbungsunterlagen in ein sog. Bewerber-Center hochladen kann. Bei einer Bewerbung über dieses Portal kann man dann einfach und schnell auf die gespeicherten Unterlagen zugreifen und dadurch Zeit und Aufwand sparen!

Um den Aufwand im Rahmen des Bewerbungsprozesses zu minimieren, setzen auch immer mehr Unternehmen komplexe Software-Lösungen ein, die die Arbeit erleichtern und den eigentlichen Prozess beschleunigen sollen. Bei einem Online-Bewerbungsformular stellen die Unternehmen letztendlich auf ihrer Website Formularfelder bereit, die die Kandidaten ausfüllen müssen...

Im Vergleich zur Bewerbung per E-Mail, die in den vorhergehenden Abschnitten ausführlich erläutert wurde, bietet das Online-Bewerbungsformular den Unternehmen weitere Vorteile: So geht die Selektion der Bewerber schneller und einfacher, denn das standardisierte Bewerbungsformular macht die Bewerbungen noch <u>vergleichbarer</u> und ermöglicht die softwaregestützte Filterung und Selektion der vermeintlich geeignetsten Bewerber. Durch ein Verstellen der „Stellschrauben" der Software können bspw. Kriterien unterschiedlich gewichtet werden, was ggf. zu ganz anderen Rankings der Bewerber führt als zuvor.

Konzerne haben diese Form der Online-Bewerbung bereits konsequent eingeführt. Aber auch etliche Mittelständler arbeiten inzwischen mit den Online-„Formularen". Nachfolgend ein Beispiel:

https://karriere.follmann-gruppe.de/Initiativbewerbung-de-f11.html

Dennoch ist das Online Bewerbungsformular bei vielen Stellensuchenden nicht besonders beliebt. Die Bewerber bzw. Bewerberinnen fürchten nämlich, dass sie ihre Qualifikationen nicht optimal darstellen können. Leider sehen Unternehmen, die Investitionen in die Programmierung ihrer Online-Plattformen gesteckt haben, E-Mail-Bewerbungen (oder gar Bewerbungen auf dem Postwege) nicht gerne, da sie sich ja bewusst für die Online-Lösung entschieden haben. Richten Sie sich deshalb unbedingt an die Vorgabe des Betriebes. Keine Postbewerbung, wenn eine Formular-Bewerbung erwartet wird! Sie als Bewerber dokumentieren durch das Ausfüllen der Formular-Felder, dass Sie bereit sind, sich an vorgegebene Prozesse und Richtlinien zu halten.

Vorab zum Hauptproblem dieser Bewerbungsform: Bei Online-Bewerbungsformularen werden die Daten von Bewerbern oftmals zu schnell und/oder lückenhaft (gerade im Bereich der beruflichen Stationen des Lebenslaufes) eingegeben. Wenn Bewerber dann Glück haben, suchen die Personaler die fehlenden Informationen aus den mitgeschickten Dateien/Anhängen heraus (worauf ich mich jedoch nicht verlassen würde). Wenn

Bewerber andererseits Pech haben, so ist die Bewerbung bereits hinfällig.

Praxistipp:

Tippen Sie Ihre Daten vollständig und sorgfältig ein! Dafür benötigen Sie Zeit. Nutzen Sie deshalb unbedingt die Möglichkeit der Zwischenspeicherung. Dauern Ihre Eingaben nämlich zu lange, so werden Sie vielleicht aus dem System geworfen und müssen von vorne beginnen („Server-Time-Out"). Weiterer Hinweis: Bereiten Sie Ihre Anlagen einige Tage vorher „in Ruhe" vor.

Letztendlich geben Online-Bewerbungsformulare der Bewerbung den Rahmen vor. Dies hat bei einigen Unternehmen zu Auswüchsen geführt, die kaum rational erklärbar sind. Beispiel: Einige Unternehmen fordern, dass ein Bewerbungsfoto als separate Datei im Bildformat hochgeladen werden soll…

Praxistipp:

Füllen Sie Textfelder nicht direkt im Browser aus – nutzen Sie lieber eine Textverarbeitung und überprüfen Sie sodann Rechtschreibung und Grammatik.

Keine Rechtschreib- und/oder Grammatikfehler und keine unfertigen Formulierungen! Wahren Sie bitte unbedingt die äußere Form!

Speichern Sie den Text dann als „.txt"-Datei ohne Steuerzeichen bzw. Formatierungen und fügen Sie ihn anschließend per „Copy & Paste" ein. Alternativ:

1) Strg-Taste und „A" gemeinsam drücken, um alles zu markieren,

2) Strg-Taste und „C" gemeinsam drücken, um alles zu kopieren,

3) Strg-Taste und „V" gemeinsam drücken, um alles einzufügen.

Am Rande: Wie speichern Sie Ihren Text als „.txt"-Datei?

Exemplarisch: Bei „Word" wählen Sie dazu im Register „Datei" die Option „Speichern unter". Hier können Sie den Speicherort auswählen und tippen neben „Dateiname" den Namen für das Dokument ein.

Im Anschluss öffnen Sie das Klappmenü neben der Option „Dateityp". Jetzt scrollen Sie bis zum Eintrag „Nur Text (*.txt)" und klicken diesen einmal mit der rechten Maustaste an. Der Dateityp wechselt auf „Nur Text (*.txt)". Über den Schaltknopf „Speichern" legen Sie die Word-Datei dann als „.txt"-Dokument im zuvor gewählten Ordner ab.

Praxistipp:

Sie benötigen auf die Schnelle ein „.txt"-Dokument?

Gehen Sie auf Ihren Windows-Desktop. Klicken Sie die rechte Maustaste und wählen „Neu" aus. Orientieren Sie sich an dem rechten Pfeil und klicken auf „Textdokument".

Ihr frisch erstelltes Textdokument liegt nun unter dem Namen „Neues Textdokument" auf Ihrem Desktop bereit.

Übrigens: Bei Bewerbungsformularen auf Firmen-Websites haben Sie keine Wahl: Hier müssen Sie Ihr Anschreiben als eigenständige Datei – idealerweise im PDF-Format – erstellen.

Des Weiteren dürfen Anhänge (Zeugnisse etc.) meist eine bestimmte Dateigröße nicht überschreiten. Auch hier wählen Sie für Ihre Dateien sinnvolle Bezeichnungen, so dass der Empfänger genau zu erkennen vermag, was/wer dahintersteckt, z.B.: „Lebenslauf Max Mustermann.pdf".

Online-Bewerbungsformulare auf Firmen-Websites eignen sich zur zielgerichteten Bewerbung auf ausgeschriebene Positionen. Für Initiativbewerbungen sind Sie m. E. weniger gut geeignet. Hier dürften Sie im Normalfall lediglich eine „Karteileiche" produzieren, die kaum beachtet wird. Warum? Weil die Mitarbeiter der Personalabteilung vordringlich auf Bewerbungen reagieren dürften, für die auch tatsächlich eine Vakanz besteht.

Initiativbewerbungen richten sich jedoch eher an die Fachabteilung, also Abteilungs- oder Bereichsleitungen, bei denen Sie aufgrund Ihrer Initiativ-Bewerbung den Wunsch auslösen wollen, überhaupt eine entsprechende Stelle einzurichten. Diese Abteilungs- oder Bereichsleiter haben aber

a) entweder gar keinen Zugriff auf die Bewerberprofile in der Datenbank,

b) derartig viele Aufgaben zu erledigen, dass sie gar nicht dazu kommen, regelmäßig die Datenbank zu „durchforsten".

Wie werden nun die zahlreiche Datensätze ausgewertet? Natürlich sind etliche E-Recruiting-Lösungen am Markt, die letztendlich alle Daten, die Sie eingegeben haben („Bewerberprofil") mit dem/den Anforderungsprofil(en) abgleichen – und zwar vollkommen automatisiert. Im Regelfall dürften die meisten Unternehmen dabei über geeignete <u>Stichworte</u> die Bewerbungen geeigneter Kandidaten (m/w) aus der Vielzahl der Datensätze herauszufiltern versuchen. Für Sie als Bewerber (m/w) bedeutet dies:

a) Füllen Sie möglichst alle vorhandenen Formularfelder vollständig aus. Dies gilt auch für optionale Felder.

b) Bei den Freitextfeldern müssen!!! Sie die richtigen „Keywords" in die Formularfelder eintippen. Die

Schwierigkeit besteht nun darin, die vermeintlich „richtigen" Schlüsselwörter zu identifizieren und zu nennen.

Praxistipp: „Keywords"

- Vermeiden Sie lange Sätze! Geben Sie besser gleich das entscheidende „Stichwort" an. Bsp.: Sie umschreiben bitte nicht, dass Sie in der Bedienung computergestützter Informationssysteme firm sind, sondern nennen stattdessen das Kind einfach beim Namen: „SAP ERP". Weiteres Bsp.: „IFRS" anstelle von „Internationaler Rechnungslegung".

- Rechtschreibprüfung! Ein Vertauschen der drei Buchstaben „SAP" wäre fatal…

- Verwenden Sie bewusst die „gängigen" „Keywords", um Ihre Kenntnisse, Fähigkeiten und beruflichen Erfahrungen zu beschreiben. Sie sind unsicher? Dann schauen Sie sich Stellenanzeigen an, auf die Sie sich mit Ihrem Profil bewerben würden. Welche „Keywords" tauchen in diesen „passenden" Stellenanzeigen immer wieder auf?

- Setzen Sie Tools wie bspw.

  http://synonyme.woxikon.de/

  oder

  https://www.openthesaurus.de/

  ein, um Synonyme zu identifizieren.

- „Verschlagworten" Sie Ihre Spezialkenntnisse korrekt. So schreiben Sie besser „Microsoft Excel" anstelle von „Tabellenkalkulation". Dies gilt übrigens nicht nur für Software, sondern auch für Verfahren, Methoden und Standards.

Wie oben ausgeführt ist die Verwendung passgenauer „Keywords" im Rahmen von Online-Bewerbungen auf Firmen-Websites sehr wichtig.

Hinterlegen Sie Ihre Bewerbung jedoch bei einer Online-„Jobbörse" bzw. einem „Stellenportal", so kann die An- und Eingabe der richtigen „Keywords" sogar Gold wert sein.

Warum?

Bei derartigen Portalen haben Sie als Kandidat (m/w) weder eine Vorstellung vom potentiellen Arbeitgeber noch von der konkreten Stelle. Da Ihnen in aller Regel der Bezug zu einer Tätigkeit fehlen wird, können Sie Ihre Bewerbungsunterlagen nicht spezifisch ausrichten (was ich ja in den vorhergehenden Abschnitten immer angeraten habe), sondern müssen eher allgemein formulieren.

Hinzu kommt, dass Sie mit einer Vielzahl an anderen Kandidaten und Kandidatinnen im Wettbewerb stehen dürften.

Aus diesem Grunde ist es wichtig, Aufmerksamkeit zu erlangen. Dies kann nur durch die Angabe gezielter „Keywords" geschehen, nach denen die Personalverantwortlichen, Personalberater etc. suchen. Im Prinzip besteht Ihre Hauptaufgabe darin, exakt vorherzusehen, welche Schlüsselwörter die Recruiter bei deren Suche vermutlich in die Suchmaske eingeben dürften.

Bei den meisten „Jobbörsen", aber auch bei vielen Unternehmen, müssen Sie ein sog. Benutzerkonto mit Passwort einrichten, um die Online-Bewerbung erstellen und absenden zu können. Bei Online-Bewerbungen auf Firmen-Websites hat dies den Vorteil, dass Sie sich gelegentlich in Ihr Benutzerkonto einloggen können, um so den aktuellen Bearbeitungs-Status Ihrer Bewerbung zu verfolgen.

Bevor Sie Ihre persönlichen Daten in Online-Bewerbungsformulare eintragen und vertrauliche Zeugnisse übermitteln, sollten Sie überprüfen, wie es um den Datenschutz Ihrer Eingaben bestellt ist. Dazu nachfolgend eine weitere Checkliste:

Checkliste 4: Datenschutz/Datensicherheit	
Werden Ihre personenbezogenen Daten bei der elektronischen Übertragung bzw. während ihres Transports verschlüsselt? Schauen Sie dazu in die Adresszeile Ihres Internet-Browsers. Steht dort zu Beginn „https" oder nur „http"? Bei „https" ist eine Verschlüsselung gegeben. Oft ist zusätzlich ein kleines Schloss-Symbol dargestellt.	
Macht das Unternehmen bzw. die Jobbörse	

Angaben dazu, wer berechtigt ist, Ihre Daten anzuschauen?	
Erlaubt das Unternehmen Ihnen, sog. Sperrvermerke einzutragen? Sperrvermerke verpflichten das umworbene Unternehmen, Ihre Bewerbung vertraulich zu behandeln und insbesondere keine Auskünfte bei Ihrem jetzigen bzw. dem im Sperrvermerk genannten Arbeitgeber einzuholen.	
Nach welchen Merkmalen erfolgt die Auswertung der Bewerberdaten?	
Wie lange werden Ihre Bewerbungsdaten aufbewahrt und wann werden sie gelöscht?	
Dürfte vorrangig für Jobbörsen und Konzerne gelten: Erfolgt eine Datenübermittlung an Dritte?	
Können Sie sich selbst über ein Bewerber-Konto in das System einloggen, um Ihre Daten später zu verändern oder zu löschen?	
Gilt für Jobbörsen: Sind Ihre Daten öffentlich abrufbar oder werden sie anonymisiert?	
Gibt das Unternehmen bzw. die Jobbörse explizit eine(n) Datenschutzbeauftragte(n) an?	

Liegen Ihnen diese Informationen vor, so können Sie sich bereits im Vorfeld des Einstellungsverfahrens überlegen, ob sie bereit sind, Ihre Bewerbung über das Online-Bewerbungsverfahren oder auf einem anderen Wege einzureichen.

8. Business-Netzwerke: XING

Mitgliedschaften in professionellen Netzwerken („Business-Netzwerken") wie „XING", „LinkedIn" oder „Viadeo" werden von Personalverantwortlichen grundsätzlich positiv beurteilt.

Während XING eher als Plattform für Geschäftsnetzwerke im deutschsprachigen Raum („D-A-CH") anzusehen ist, sind LinkedIn und Viadeo stärker international ausgerichtet. Insbesondere LinkedIn gewinnt in Deutschland mehr und mehr an Bedeutung.

Nichtsdestotrotz werde ich mich bei meinen Ausführungen auf XING beschränken, da die ersten beiden Auflagen von „Richtig online bewerben" vor allem im deutschsprachigen Raum gelesen wurden.

Es ist heutzutage Standard, sich mit seinen beruflichen Kontakten bei XING zu vernetzen – selbst dann, wenn Sie gerade nicht auf der Suche nach einer neuen Tätigkeit sind. Falls Sie jedoch auf Jobsuche sind, dann füllen Sie bitte Ihr Profil bzw. XING-„Portfolio" besonders aussagekräftig aus. Welche Eintragungen Sie bspw. vornehmen können, zeige ich Ihnen in diesem Abschnitt.

Ich halte sehr wenig davon, wenn Bewerber eine eigene Bewerbungshomepage erstellen. Ich halte sehr viel davon, stattdessen ein XING-oder LinkedIn-Profil anzulegen und im weiteren beruflichen Werdegang zu pflegen.

Bitte keine Bewerbungshomepage!

- Unterschätzen Sie bitte nicht die „handwerkliche" Arbeit, die in eine solche Website gesteckt werden muss. Selbst in Zeiten von Website-Baukästen wird der Zeitaufwand unterschätzt.

- Glauben Sie ernsthaft, dass ein Personalverantwortlicher, der Hunderte von Bewerbungen erhält, sich zusätzlich durch die Websites einzelner Bewerber klickt und daran anschließend bestimmte Angaben ausdruckt? *Ausnahme: Sie sind in einem Kreativberuf tätig und können mittels Ihrer Website Ihre Schaffenskraft und Kreativität „beweisen".*

- Ihnen fehlt die Möglichkeit, sich zielgerichtet an bestimmte Arbeitgeber zu wenden bzw. an Positionen zu orientieren, so dass Sie lediglich eine „allgemeine" Bewerbungshomepage erstellen können. *Ausweg: Sie erstellen – beispielsweise nach dem Schema www.vorname-name.de/Firma ABC GmbH – auf die Wunschfirma zugeschnittene Subdomains. Dies stellt eine gute Möglichkeit dar, dem/der Personalverantwortlichen auch individualisierte Dateien zugänglich zu machen.*

- Soll Ihre Website auch in Suchmaschinen auffindbar sein, so geht das zu Lasten des Datenschutzes. Sie geben dann einfach sehr viele persönliche Daten preis. Arbeiten Sie hingegen mit einem Passwortzu-

---

gang, so schließen Sie etliche potenzielle Leser aus. Zudem möchten sich Personalverantwortliche ungern erst irgendwo „einloggen".

- Wenn Sie schon ein solches Medium auswählen, dann sollten Sie auch bezüglich der Mittel Ihrer Online-Präsentation kreativ sein. Also: Das Anschreiben wird zu einem kurzen „Intro"-Text, Zeugnisse zu Arbeitsproben und Erfolgsnachweisen, Ihre Vorstellung erfolgt via kurzer, professioneller Video-Botschaft, Sie visualisieren interessante Informationen durch Einsatz geeigneten Bildmaterials. Ich frage Sie jetzt abschließend: Können Sie das alles?

- Im Normalfall müssten Sie noch den Link zu Ihrer Bewerbungshomepage per E-Mail verschicken. Als Personalberater bekomme ich aber sehr viele E-Mails, die mich auf „virenverseuchte" Websites „locken" möchten.

- Sobald Sie eine Anstellung gefunden haben, müssten Sie die Seite deaktivieren, um zu dokumentieren, dass Sie sich nicht mehr aktiv vermarkten. Ihr XING-Profil können Sie hingegen aktiviert lassen. Und ich versichere Ihnen: Später – selbst wenn Sie es gerade nicht erwarten – wird der eine oder andere Personalberater Sie kontaktieren.

- „Bauen Sie nur dort, wo viel Verkehr ist!" Wo sich keine Jobanbieter tummeln, da gibt es auch keine zu besetzenden Stellen. Online-Bewerberauftritte (oder Links dorthin) stellt man da auf, wo auch Jobanbie-

> ter aktiv und von sich aus suchen. Also XING oder
> LinkedIn. Hier gehört Ihre Präsenz hin!

Unternehmen und/oder „Headhunter" verwenden diese Business-Netzwerke aktiv, um selbst nach Kandidaten zu suchen – allerdings derzeit vor allem zur Gewinnung von Fachkräften bzw. „Spezialisten" sowie Führungskräften im mittleren Management. Mithilfe sogenannter „Recruiter-Accounts" setzen Personaler diese Netzwerke gezielt zur Rekrutierung ein. Die Netzwerke geben den Recruitern Tools an die Hand, mit denen sich die Profile der Mitglieder nach Branchen oder Kenntnissen filtern und nach bestimmten Stichworten durchsuchen lassen. Des Weiteren können die Recruiter potentielle Kandidaten verwalten und kontaktieren.

Gut zu wissen: „XING E-Recruiting 360°"

Was viele XING-Mitglieder nicht wissen: XING stellt Recruitern umfangreiche Funktionalitäten zur Verfügung, die Headhunter oder Unternehmen dazu in die Lage versetzt, potenzielle neue Mitarbeiter zu identifizieren.

Worum handelt es sich konkret bei diesen Tools, die es den Unternehmen u.a. erlauben, unter den XING-Mitgliedern aktiv nach neuen Mitarbeitern zu suchen („Active Sourcing")?

Mit dem sog. „XING E-Recruiting 360°" wurden im Jahr 2017 die E-Recruiting-Instrumente von XING zu einem

---

integrierten Angebot gebündelt. „XING E-Recruiting 360°" beinhaltet für Unternehmen:

- XING Stellenanzeigen zur Veröffentlichung aktueller Vakanzen,

- XING Talent-Manager zur aktiven Kandidatenansprache,

- XING Empfehlungs-Manager zur Digitalisierung und Automatisierung von Mitarbeiter-Empfehlungen,

- Employer Branding Profil Professional zur Positionierung der eigenen Arbeitgebermarke auf XING sowie dem Arbeitgeber-Bewertungsportal „Kununu".

Im Rahmen des „XING Talent-Managers" laden Unternehmen im ersten Schritt ihre Stellenausschreibung auf XING hoch. Im Anschluss wird die Ausschreibung automatisch ausgelesen und potenzielle Kandidaten angezeigt.

Die Unternehmen können nun mit diesen Kandidaten in Kontakt treten oder zunächst anonym deren Profile besuchen. D.h. Sie als XING-Mitglied bekommen dies unter Umständen gar nicht mit. Auch können Personaler Listen umworbener Kandidaten übersichtlich verwalten und um eigene Notizen ergänzen.

Sie sehen, dass es mehr Sinn macht, über ein gepflegtes XING-Profil zu verfügen, als über eine Bewerber-

Homepage, die irgendwo im Internet besteht und bei der niemals jemand vorbeischaut...

Auch etliche Expatriates, die von ihrem Unternehmen für eine befristete Zeit ins Ausland entsandt wurden, nutzen XING um Kontakt in ihre „Heimat" zu halten. So hat XING zu Beginn des zweiten Halbjahres 2017 das weltweit größte Expatriate-Netzwerk „InterNations" übernommen. Letzteres hat mehr als 2,7 Millionen Mitglieder und ist in rund 390 Städten auf der ganzen Welt präsent.

XING bietet die Möglichkeit, sich als Berufstätiger oder als Bewerber von seiner professionellen Seite zu zeigen. Letztendlich geht es darum, sich selbst bestmöglich zu präsentieren.

Zielsetzung von XING-Mitgliedern:

- Vorstellung als potenzieller Arbeitnehmer

- Vorstellung als Geschäftsinhaber bzw. Gründer

- Auf- und Ausbau bzw. Pflege von Geschäftskontakten

- Brancheninterner Austausch

- Suche von Recruitern nach potentiellen Arbeitnehmern

- Imagekontrolle von Bewerbern seitens eines Personalers

Zudem haben Sie die Möglichkeit, einen kleinen Einblick in Ihr Privatleben zu gewähren, indem Sie ehrenamtliches Engagement sowie außerberufliche Interessen bekunden. Beachten Sie jedoch, dass Sie gerade im Hinblick auf Ihre Hobbys Seriosität ausstrahlen sollten.

Wie gesagt nutzen Personaler XING, um Informationen über Werdegang und Fachkenntnisse potentieller Kandidaten zu erhalten. Ferner kann man als erfahrener Leser eines Profils erkennen, ob Interesse an einer beruflichen Veränderung bestehen könnte. Ein Tipp: Achten Sie auch auf den sog. Aktivitäts-Index! Ein hoher Aktivitätsstatus deutet auf eine hohe Nutzung Ihres Netzwerkes hin. Eine weitere Möglichkeit, wirklich interessante Kandidaten zu identifizieren, stellen die in den XING-Gruppen bzw. Foren verfassten Beiträge der Mitglieder dar. Anhand der Qualität der einzelnen Beiträge kann der Personaler erkennen, ob es sich um einen Fachmann oder eine Fachfrau handelt.

So finden sich in den XING-Gruppen Menschen zusammen, die gleiche bzw. ähnliche Interessen haben. Das können Menschen sein, die in derselben Branche oder in demselben Berufsfeld arbeiten und sich fachlich austauschen möchten. Stand 20. März 2018 gab es über 89.533 XING-Fachgruppen, so dass inzwischen nahezu jeder berufsbezogene Themenbereich abgedeckt ist.

Dabei sind für Jobsuchende vordringlich die sog. Regional-Gruppen interessant. Es handelt sich dabei um Gruppen, in denen sich Menschen einer bestimmten Region austauschen können. Auch die sog. Branchen-Gruppen, die sich an Spezialisten in dem jeweiligen

Fachgebiet richten, sind für Zwecke der Jobsuche gut geeignet.

Praxistipp:

Nahezu jede XING-Gruppe verfügt inzwischen über eine eigene Stellenbörse. Die hier veröffentlichten Stellenangebote können von den jeweiligen Gruppenmitgliedern gelesen werden. Ich würde im Rahmen dieser Stellenausschreibungen von einem Marktplatz mit regem Austausch sprechen, der für Ihr berufliches Fortkommen nicht zu unterschätzen ist.

Sind Sie einer Gruppe neu beigetreten, so stellen Sie sich ruhig kurz vor. Dies gehört zum guten Ton und sichert Ihnen Aufmerksamkeit.

Studien besagen, dass Recruiter sich zunächst das Profilbild eines XING-Mitglieds ansehen. Nach Aussage der Personalentscheider ist es das wichtigste Kriterium, was den ersten Eindruck anbelangt. Urlaubs- und Freizeitbilder sowie Piercings und Tattoos sind nicht gefragt. Stattdessen sollten Sie klassische und professionell erstellte Bewerbungsfotos und auch keine eigenen Ablichtungen verwenden, die „auf die Schnelle" der Gatte/die Gattin im Wohnzimmer aufgenommen hat. Denken Sie daran, dass es sich hier um Ihr **„Schaufenster"** handelt. Und das hat im Berufsleben perfekt „dekoriert" zu sein. Deshalb: Bitte achten Sie darauf, dass Ihr Bild authentisch und professionell wirkt! Nach der Betrachtung des Profilbildes wandert der Blick des

Recruiters dann meist zur aktuellen Position des Mitglieds weiter. Für mich sind sodann die Bereiche „Berufserfahrung", „Ich suche/Ich biete" sowie das „Portfolio" entscheidende Informationsquellen.

Bevor Sie nun mit den „Bastel"- und „Umbau"- Arbeiten an Ihrem XING-Profil beginnen, sollten Sie bedenken, dass Ihre XING-Kontakte über nahezu jeder Ihrer Aktionen informiert werden. Im Rahmen Ihrer „Renovierungsarbeiten" muss das nicht sein! Sie gehen deshalb bitte auf das „Zahnrädchen" rechts oben in Ihrem Profil und wählen „Einstellungen, Rechnungen und Konten" an. Anschließend klicken Sie auf „Einstellungen" sowie „Privatsphäre". Im nächsten Schritt schalten Sie unter Ihren „Profileinstellungen" die folgenden Angaben auf „nicht sichtbar", indem Sie die jeweiligen Häkchen entfernen:

- Portfolio

- Aktivitäten

- Aktivitätsindex

- Ihr Profil für Suchmaschinen und Nicht-Mitglieder.

Wenn Sie fertig „renoviert" haben, sollten Sie nicht vergessen, diese Angaben wieder auf „sichtbar" zu stellen.

Nun zu den Details: Sie finden das Profilfeld „Ich biete" in Ihrem XING-Profil unter den sog. Profildetails. Das Feld „Ich biete" hat die folgenden Funktionen:

- Selbstmarketing (hier kann der Leser sehen, was man von Ihnen erwarten kann),

- Ihre Auffindbarkeit bei XING *(Hintergrund: Recruiter suchen gezielt nach Begriffen oder Fähigkeiten, die für deren jeweilige Vakanz wichtig sind),*

- XING nutzt die hier getätigten Angaben, um Ihnen z.B. Job-, Gruppen- und Kontaktvorschläge zu machen.

Praxistipps: „Ich biete"

- Schlagwörter einsetzen, die Ihre fachlichen Kompetenzen beschreiben

- Präzise und klare „Keywords" verwenden! Vermeiden Sie lange Phrasen! *Geben Sie besser gleich das entscheidende „Stichwort" an. Bsp.: Sie umschreiben bitte nicht, dass Sie in der Bedienung computergestützter Informationssysteme firm sind, sondern nennen stattdessen das Kind einfach beim Namen: „SAP ERP".*

- Rechtschreibprüfung! Ein Vertauschen der drei Buchstaben „SAP" wäre fatal…

- Verwenden Sie bewusst die „gängigen" „Keywords", um Ihre Kenntnisse, Fähigkeiten und beruflichen Erfahrungen zu beschreiben. *Dazu gehören insbesondere auch die Spezialtermini aus Ihrem Fachgebiet.*

- Setzen Sie Tools wie bspw.

http://synonyme.woxikon.de/

oder

https://www.openthesaurus.de/

ein, um Synonyme zu identifizieren.

- „Verschlagworten" Sie Ihre Spezialkenntnisse korrekt. So schreiben Sie besser „Microsoft Excel" anstelle von „Tabellenkalkulation". Dies gilt übrigens nicht nur für Software, sondern auch für Verfahren, Methoden und Standards.

- Bitte auf Soft Skills wie bspw. „Flexibilität", „Teamfähigkeit" etc. verzichten. *Letztere werden nämlich von sehr vielen XING-Mitgliedern verwendet.*

- Ein Tipp für Berufsanfänger: Geben Sie bitte in den Keywords auch Kenntnisse auf Einsteiger-Niveau an. Der Personaler wird Ihrem Werdegang entnehmen, wie umfangreich Ihre Kenntnisse tatsächlich sind.

Das Profilfeld „Ich suche" finden Sie ebenfalls unter den sog. Profildetails. Es ist gut geeignet, um auf Ihre konkrete Jobsuche hinzuweisen.

Praxistipps: „Ich suche"

Vorab: Die nachfolgenden – öffentlichen!!! – Formulierungen lassen Sie besser, falls Sie sich noch in einem ungekündigten Anstellungsverhältnis befinden. Auch Ihr

Chef oder Ihre Kollegen sind im Regelfall bei XING präsent!

- Bei einer konkreten Suche sollten Sie die Phrase „Neue Herausforderung" verwenden, da sie auch häufig bei Recruitern und Headhuntern Anwendung findet.

- Die Phrase „Neue Herausforderung" sollte aber nicht allein stehen, sondern um das Job-Ziel ergänzt werden, z.B. „Neue Herausforderung als Verkaufsleiter…"

- Alternativ können Sie bspw. formulieren:

  „Führungsposition als …"

  „Anstellung als …"

  „Traineestelle im …"

  „Praktikum im …"

- Möchten Sie Ihr soziales Netzwerk animieren, Ihnen bei der Jobsuche zu helfen, so können Sie bspw. elegant formulieren: „Hinweise zu interessanten Arbeitgebern aus Hessen im Bereich Küchenfertigung".

- Außerhalb der Jobsuche sollten Sie dieses Profilfeld ebenfalls nutzen. Als Beispiel: „Fachlicher Austausch zum Thema …"

Kommen wir nun zur Kategorie „Berufserfahrung", die Sie ebenfalls unter den „Profildetails" finden.

Praxistipps: „Berufserfahrung"

Beachten Sie bitte bereits vorab: Hier veröffentlichte Informationen wie beruflicher Werdegang oder Qualifikationen sollten nicht „aufgehübscht" sein. Insbesondere müssen Ihre Angaben mit dem Lebenslauf Ihrer (potentiellen) Bewerbung übereinstimmen.

Manche Recruiter werden über XING auf Sie aufmerksam und gleichen Ihr XING-Profil im späteren Bewerbungsverfahren mit Ihrem Lebenslauf und den Tätigkeiten ab, die Ihnen Ihre Vor-Arbeitgeber in den Arbeitszeugnissen bescheinigt haben.

Da die optimale Selbstvermarktung bei einem Business-Netzwerk mit öffentlich sichtbarem Werdegang groß ist bzw. sein muss, sollten Sie einmal über die folgenden Tipps nachdenken:

- Bitte die beruflichen Stationen lückenlos und vollständig eintragen.

- Verfügen Sie bereits über längere Berufserfahrung, so würde ich mich auf die wirklich relevanten Stationen des Werdegangs beschränken und zusätzlich die Stationen der letzten x Jahre lückenlos aufführen.

- Achten Sie auf die richtige Schreibweise sowie die korrekte Angabe der Firmierung Ihrer Arbeitgeber, um nicht durch etwaige Rechtschreibfehler in der XING-Suche nicht gefunden zu werden.

- Geben Sie Monat und Jahr an, zählt XING diese Angabe als Berufserfahrung, dargestellt durch grüne Blasen.

- Wenn Sie die Monate weglassen und „nur" Jahreszahlen angeben, um bestimmte berufliche Phasen zusammenzufassen, zählt XING diese „reinen" Jahresangaben nicht als Berufserfahrung. Diese Darstellung könnte zum Beispiel bei mehreren Jobwechseln in kurzer Zeit oder bei Zeiträumen der Arbeitslosigkeit sinnvoll erscheinen.

- Interessante Variante: Sie können die Zeitangabe bei bestimmten Tätigkeiten auch ganz weglassen. Das bietet sich an, wenn Sie unterschiedlichen Tätigkeiten während eines Zeitraums ausgeübt haben und XING nur eine Tätigkeit als Berufserfahrung werten soll. Waren Sie zum Beispiel von 2011-2015 in einer Unternehmensgruppe für 2 Töchter tätig, würde XING den Zeitraum doppelt als Berufserfahrung zählen, was aber keinen Sinn macht.

- Sinnvoll scheint mir, die Kernpositionen des Werdegangs exakt mit Monaten und Jahren anzugeben. Nun fügen Sie darunter Ihre unterschiedlichen Aufgabenbereiche bei diesem Arbeitgeber hinzu, wenn diese Aufgaben bzw. Tätigkeiten sichtbar sein sollen. Bei den Aufgabenbereichen lassen Sie dann die Zeitangabe weg. XING stellt dann einmal Arbeitgeber und offizielle Tätigkeitsbezeichnung als „Berufskreis" dar und darunter werden dann die Aufgaben angeordnet. Ein optisches Highlight!

- Abschließend und ehe Sie an der Eingabe der richtigen Reihenfolge verzweifeln: Bitte legen Sie die Einträge unbedingt in der Reihenfolge an, in der Sie erscheinen sollen und beginnen Sie dabei mit dem untersten Eintrag. Nachträglich können Sie die Einträge nämlich nicht mehr sortieren.

Auch das Profilfeld „Interessen" finden Sie unter den sog. Profildetails. Warum sollten Sie dieses Profilfeld nicht vernachlässigen? Halten Sie sich bitte vor Augen, dass soziale Netzwerke vorrangig von der Persönlichkeit ihrer Mitglieder leben. D.h. es geht darum, mit Menschen zusammenzukommen, die Sie beruflich weiterbringen können – selbst dann, wenn Sie augenblicklich gar keinen konkreten Anlass sehen. Nun kann ich Ihnen aus eigener Erfahrung sagen, dass gerade kleine und mittelständische Unternehmen ihre künftigen Mitarbeiter gerne über ihre eigenen Netzwerke ansprechen. Während jedoch bei Online-Stellenbörsen nur das fachliche Element eine Rolle spielt, leben Netzwerke stärker von der Persönlichkeit des Bewerbers bzw. der Bewerberin. Hier ist es wichtig, authentisch zu wirken. Gerade die kleinen und mittelständischen Arbeitgeber interessieren sich auch dafür, was den Mitarbeiter bzw. die Mitarbeiterin außerhalb des Unternehmens bewegt bzw. antreibt. Deshalb sollten Sie Ihre Interessen angeben.

Praxistipps: „Interessen"

- Geben Sie die Themen an, für die Sie sich wirklich interessieren. Das können durchaus berufliche Themen sein.

- Seien Sie aufrichtig und ehrlich. „Erfinden" Sie keine Interessen mit der Absicht, lediglich Ihr Profil zu „tunen". Sie sollten keinesfalls etwas schreiben, womit Sie sich nicht wohlfühlen und was nicht zu Ihnen passt. Wichtig ist, dass Sie authentisch sind.

- Heben Sie sich vom langweiligen „Einheitsbrei" einiger anderer Mitglieder ab. Geben Sie deshalb keine Phrasen wie „Reisen", „Lesen" oder „Fußball" an, sondern stattdessen besser „Städtereisen", „Russische Geschichte des 19. Jahrhunderts" und „Hannover 96". Gerade durch konkrete Angaben werden Sie etliche Gleichgesinnte finden. Arbeiten Sie an Ihrer „Konkretisierung", indem Sie nachfragen, was sich für Sie hinter dem „Lesen", „Reisen", „Sport" oder der „Musik" verbirgt...

- Vermeiden Sie Endlos-Aufzählungen *(z.B. Aerobic, Joggen, Zumba, Fitness, Tanzen, Schwimmen, Radfahren, Jazzdance, Skifahren)*, die sich dann auch noch wiederholen.

- Recherchieren Sie auch einmal bei anderen XING-Mitgliedern.

Übrigens: Ich nutze die angegebenen Interessen immer gerne als lockeren Einstieg in ein Vorstellungsgespräch mit einem Kandidaten/ einer Kandidatin...

Kommen wir nun zum sog. „XING-Portfolio", das Sie in der Zeile unterhalb der sog. Profildetails finden. Seit Juli 2013 stellt das „Portfolio" den Bereich privater XING-Profile dar, der dazu genutzt werden kann (und sollte!), die eigenen Stärken anhand von Bildern, Videos, Texten und PDF-Dokumenten zu präsentieren. Durch das Portfolio haben Sie eine zeitgemäße Möglichkeit der Selbstpräsentation, die Ihr – bislang faktenorientiertes Profil – durch individuelle Bausteine ergänzt. Ein aus-drucksstarkes Portfolio besteht aus überzeugenden Texten und ansprechenden Grafiken. Ihr individueller Portfolio-Text spiegelt Ihr XING-Profil wider und bein-haltet des Weiteren:

- Ihre Motivation

- Ihre Stärken

- Ihre Ziele

Im Rahmen des Portfolios können Sie als Nutzer/-in sog. Module anlegen und diese nach Belieben anordnen. Zur individuellen Gestaltung Ihres Portfolios klicken Sie auf „Etwas hinzufügen" und wählen dann aus, ob Sie ein Textelement, ein Bildelement, ein Videoelement oder ein PDF-Element hinzufügen möchten.

Hinsichtlich Videos können Sie inzwischen die URL eines YouTube oder Vimeo-Videos einfügen, das Sie in Ihrem Portfolio präsentieren möchten.

Im Prinzip handelt es sich beim Portfolio um ein individuell zu gestaltendes Baukastensystem.

Wenn Sie in Ihren Profileinstellungen „Portfolio als Erstes anzeigen" wählen, stellt es de facto den „Mittelpunkt" Ihres XING-Profils dar, was insbesondere empfehlenswert ist, wenn Sie als Angestellte(r) im Kreativbereich tätig sind bzw. dort Fuß fassen wollen.

Praxistipp: „Bauarbeiten" an Ihrem Portfolio

Damit Sie in Ruhe an Ihrem Portfolio „basteln" können, sollten Sie es in Ihren Privatsphäre-Einstellungen auf „nicht sichtbar" stellen, bis die „Bauarbeiten" abgeschlossen sind.

Wie können Sie als Bewerber/-in das XING-Portfolio sinnvoll einsetzen?

Das XING-Portfolio

Im Rahmen Ihres Portfolios sollten Sie versuchen, sich von anderen Bewerbern abzugrenzen. Das Stichwort lautet **„Alleinstellungsmerkmal"**.

Dies dürfte erfahrenen Bewerbern vordringlich dadurch gelingen, indem sie erfolgreiche Projekte und Aufgaben darstellen. Gerne können Sie auch bspw. Fotografien von Arbeitsproben einstellen. Stellen Sie doch Ihre Erfolge durch aussagekräftige Grafiken dar. Waren Sie zwischenzeitlich freiberuflich tätig, können Sie hier Referenzen platzieren.

Als Hochschulabsolvent/-in haben Sie diese Projekte und Referenzen noch nicht aufzuweisen. Deshalb sollten Sie Ihre Persönlichkeit und Motivation für bestimmte Themen bzw. Branchen herausstellen.

Gehen Sie auch auf Ihre Wertvorstellungen ein.

Hier können Sie auch weitere Fotografien von sich selbst einbauen.

Auch ein Lebenslauf kann hier als PDF-Datei platziert werden.

Bitte vergessen Sie nicht, auch im Rahmen des Portfolios relevante Keywords und Synonyme für die Suchmaschinen etc. einzufügen.

Praxistipp: Wirkung Ihres Profils...

Fragen Sie doch einmal Freunde und Familienmitglieder, wie Ihr Profil auf sie wirkt. Optimal ist es natürlich, wenn diese Personen XING ebenfalls nutzen und sich mit diesem Business-Netzwerk auskennen. Können Sie Ihre Freunde mit Ihrem XING-Profil von sich überzeugen? Wenn Sie bereits hieran scheitern, wie wollen Sie dann eine fremde Person, wie beispielsweise einen Personaler von sich überzeugen und dessen Neugierde wecken?

Welche XING-Mitgliedschaft sollten Sie nun wählen? Nachfolgend eine kleine Übersicht, bezogen auf die meines Erachtens wirklich entscheidungsrelevanten XING-Profileigenschaften...

Überblick XING	Basis	Premium	ProJobs-Zusatzpaket
Eigenes Profil:			
Eigenen Werdegang, Kenntnisse, Fähigkeiten, Interessen darstellen	X	X	X
Spezielle Karrierewünsche angeben	-	X	X
Besondere „Top"-Fähigkeiten hervorheben	-	X	X
Portfolio:			
Maximale Anzahl Textmodule	1	1.000	1.000
Maximale Anzahl an Bildern	3	30	30

& PDFs			
Maximale Anzahl an Videos einbinden	0	15	15
Mitgliedersuche:			
Maximale Suchergebnisse	10	300	300
Erweiterte Mitgliedersuche	-	Suchbegriffe frei kombinierbar, Filter	Suchbegriffe frei kombinierbar, Filter
Mitglieder finden, die suchen, was Sie anbieten	-	X	X
Mitglieder finden mit einem Arbeitgeber in derselben Branche	-	X	X
Profilbesucher:	nur Anzeige	Anzeige, Name, Profil, weitere Details	Anzeige, Name, weitere Details

Nachrichten schreiben:			
an Nichtkontakte ** je nach Vertragsbeginn*	-	20*	20*
an Kontakte	X	X	X
Gruppen, Jobs, Vorteilsprogramm:			
Gruppen entdecken, selbst gründen und in Foren diskutieren	X	X	X
Jobs finden	X	X	X
Premium-Vorteilsprogramm	-	X	X
Pro-Jobs-Zusatzpaket:			
Zusätzliche Profil-Informationen für Recruiter bereitstellen	-	-	X

Vertrauliche Kontaktdaten hinterlegen	-	-	X
Zugang zu bestimmten „exklusiven" Jobofferten	-	-	X
Zusätzliche Dokumente wie Zeugnisse und Lebenslauf hochladen	-	-	X
Kontrolle über die Sichtbarkeit der Zusatzanga- ben im Profil	-	-	X
Höhere Sicht- barkeit bei Headhuntern und Recruitern	-	-	X
Expertencheck für XING Profil und Lebenslauf	-	-	X
Recruitern und Headhuntern per Klick Kon- taktinteresse signalisieren	-	-	X

Erstberatung und Online- Trainings durch einen sog. per- sönlichen "Care- er Coach"	-	-	X

Im September 2017 stellte XING ein weiteres Zusatzpaket, das sog. ProBusiness-Paket, vor.

Das Pro-Business-Zusatzpaket soll XING-Mitglieder dazu befähigen, für sie relevante Geschäftskontakte („Leads") schneller, effizienter und zum richtigen Zeitpunkt zu finden und anzusprechen. Dazu bietet das Paket – neben einer umfangreichen Suche und zahlreichen Filtern – auch die Möglichkeit, die gefundenen Leads an einer zentralen Stelle zu verwalten. Die Neuigkeiten sämtlicher Leads werden an einer Stelle gebündelt, so dass potentielle Kontaktanlässe gezielt genutzt werden können. Des Weiteren werden die wichtigsten Informationen aus den Profilen gefundener Personen bereits angezeigt, bevor das jeweilige Profil angeklickt wird. Auf diese Weise bekommt die Zielperson nichts von dem Interesse eines Suchenden mit, weil letzterer nicht als Profilbesucher angezeigt wird. Daneben bietet dieses Tool weitere Möglichkeiten, auf die an dieser Stelle nicht eingegangen werden kann.

Manche Experten empfehlen, im Rahmen einer E-Mail-Bewerbung bereits in der E-Mail-Signatur (mit allen relevanten Kontaktdaten) auch die Profile in Business-Netzwerken wie XING oder LinkedIn anzugeben.

Praxistipp: XING-Beiträge steuerlich absetzen

Da XING ein soziales Netzwerk für Berufstätige ist, können Sie als Arbeitnehmer die Mitgliedschaftsbeiträge als Werbungskosten aus nichtselbständiger Arbeit (§19 EStG) in Ihrer Einkommensteuererklärung angeben. Als Selbständiger (§18 EStG) oder Gewerbetreibender (§15 EStG) dürften Betriebsausgaben vorliegen. Details klären Sie bitte mit Ihrem steuerlichen Berater.

9. Online-Reputation

Nicht wenige potentielle Arbeitgeber nutzen auch das sog. Web 2.0 bzw. die sozialen Netzwerke, um mehr über ihre Bewerber herauszufinden.

Jeder Bewerber und jede Bewerberin sollte sich darüber im Klaren sein, dass Online-Communities öffentlicher Raum sind und Äußerungen aller Art auch von Personalfachleuten gesehen werden können.

Entgegen den oftmals reißerischen Berichten in einschlägigen Medien wird dabei meiner Meinung nach weniger nach „verräterischen Partybildern" gesucht; es interessieren vielmehr Aussagen der Kandidaten (m/w), die ihre Einstellung zum bisherigen Arbeitgeber und dessen Werten deutlich machen. Auch Meinungsäußerungen könnten potentielle Arbeitgeber interessieren. Des Weiteren dürfte die Kompetenz, die bspw. in Fach-Blogs dokumentiert wird, für Recruiter von Interesse sein.

Personaler „durchkämmen" üblicherweise die folgenden Portale, um gezielt weitere Informationen über ihre Kandidaten (m/w) zu erhalten:

- Business-Netzwerk XING, insbesondere die Online-Fachgruppen von XING

- Business-Netzwerk LinkedIn

- Facebook, Twitter, Google+ etc.

- Blogs und Fachforen (bspw. zum Thema Rechnungswesen)

- Suchmaschine Google

Deshalb: Überlegen Sie genau, welche Daten Sie wo im Internet verbreiten. Prüfen Sie auch, was andere (z.B. ehemalige Arbeitskollegen) über Sie im Netz aussagen.

Praxistipps:

- Die genaue Justierung der „Privacy-Settings" in Facebook, Google+ & Co. ist ein Muss. Wer darf Ihre Daten lesen?

- Welche persönlichen Daten haben Sie überhaupt bei Facebook & Co. von sich preisgegeben?

- Wenn Sie Fotos aus Ihrem Privatleben hochladen, so stellen Sie bitte sicher, dass diese unverfänglich sind.

- In Chats und Fachforen sind mir bereits richtig kompetente Fachleute aufgefallen, die leider die unangenehme Neigung hatten, andere Teilnehmer arrogant abzukanzeln...

- Verwenden Sie in derartigen Fachforen Pseudonyme, wenn Sie sich dort lediglich austauschen wollen. Wenn Sie jedoch richtig kompetente Hilfestellungen anbieten können und auch wollen, dass Personalberater und Recruiter auf Sie aufmerksam werden, dann empfehle ich Ihnen, sich – bspw. in einer XING-Fachgruppe – unter Ihrem Namen auszutauschen. Die Moderatoren der XING-Gruppen können

einstellen, ob die Gruppen-Beiträge auch in Suchmaschinen auffindbar sind.

- Googeln Sie sich gelegentlich selbst, indem Sie Ihren
  Vor- und Zunamen in Anführungszeichen setzen,
  z.B. „Vorname Zuname". Sehen Sie die Text-
  Ergebnisse durch und klicken Sie anschließend in
  der Ergebnisliste oben auf die Rubrik „Bilder", um
  auch die Bilder anzusehen, die Google unter Ihrem
  Namen anzeigt. Tauchen ungewünschte Resultate in
  den Suchergebnissen auf, so sollten Sie diese zunächst im Ursprungsportal löschen. Google selbst
  stellt ebenfalls ein Antragsformular bereit, um Su-
  chergebnisse, die nicht europäischem Datenschutz-
  recht entsprechen, zu löschen.

https://www.google.com/webmasters/tools/legal-removal-
request?complaint_type=rtbf&visit_id=0-636572454589264095-
1829552253&hl=de&rd=1

10. Ausblick und Resümee

Sie haben mit großem Engagement Ihre Online-Bewerbung erstellt und versandt? Dann fragen Sie sich jetzt sicherlich, wie es weitergeht.

Das ist pauschal nicht zu sagen, da die weitere Vorgehensweise von Unternehmen zu Unternehmen unterschiedlich gehandhabt wird. Im Normalfall dürfte seitens des Unternehmens eine der folgenden Verfahrensweisen gewählt werden:

- E-Bewerbertest

- Telefoninterview

- Skype-Interview

- Gespräch mit einem Personalberater

- Assessment-Center

- Vorstellungsgespräch

Obwohl es – streng genommen – nicht Thema dieses Buches sein kann, die vorgenannten Verfahren zu diskutieren, möchte ich Ihnen an dieser Stelle zumindest noch den einen oder anderen Tipp mit auf den Weg geben.

Inzwischen testen insbesondere größere Unternehmen interessante Kandidaten häufig online durch sog. elektronische Bewerbertests. Diese e-Bewerbertests sind der zweiten Auswahlstufe zuzuordnen, bei der die vorliegenden Bewerbungen nochmals gefiltert werden, bevor im Anschluss Einladungen zu Vorstellungsgesprächen ausgesprochen werden. E-Bewerbertests folgen sehr häufig auf Online-Bewerbungen, die über Formularfelder auf Firmen-Websites abgegeben wurden.

Für die Unternehmen bieten derartige Testverfahren den Vorteil der direkten Auswertung nach Ende des Tests, ein objektives vollautomatisches Kandidatenranking der Test-Teilnehmer und die evtl. Speicherung der Test-Ergebnisse in einer Datenbank.

Praxistipp:

Bewahren Sie die Zugangsdaten zu dem Online-Portal, um später den e-Bewerbertest absolvieren zu können.

Elektronische Bewerbertests können in den folgenden Formen auf Sie zukommen:

Elektronische Bewerbertests: Formen

- Simple **Ja-/Nein-Fragen**, durch die vollkommen ungeeignete Kandidaten (m/w) aussortiert werden.

- **Konkrete Aufgabenstellungen**, um analytisches Denken, Konzentration, Genauigkeit etc. zu prüfen.

- **Psychologische Tests**, um „Soft Skills" abzuklopfen.

- **Fallstudien und/oder Planspiele**, um Arbeitssituationen realitätsnah darzustellen.

- **Kandidaten-Chats** via Textbotschaften, die jedoch – streng genommen – kein Auswahlverfahren darstellen.

Da nicht überprüft werden kann, ob der Bewerber bzw. die Bewerberin den Test tatsächlich selbst absolviert, stellt dieses Verfahren nur einen kleinen Baustein dar, der der Vorauswahl dient.

Für Personaler gilt: Wer sich diesem Test unterwirft, der ist nicht nur „halbherzig" dabei und hat nicht nur mal testweise eine Bewerbung dupliziert und losgeschickt.

Checkliste 5: E-Bewerbertest

Haben Sie trainiert? Bei derartigen Tests gilt nämlich: Üben, üben, üben! Für weitere Informationen und zum Trainieren von E-Bewerbertests sehr empfehlenswert:

http://www.ausbildungspark.com/einstellungstest/

Des Weiteren gibt es natürlich für Handy und Tablet entsprechende Trainings-Apps. Bitte einfach einmal selbst recherchieren...

Achtung: Bei manchen Unternehmen folgt der Test unmittelbar auf den Versand Ihrer Online-Formular-Bewerbung. Wenn Ihnen die Möglichkeit eingeräumt wird, den Testzeitpunkt auszuwählen: Absolvieren

---

Sie den Test zu einer Tageszeit, zu der Sie ausgeruht sind!

Sind Sie ungestört? Funktioniert Ihre Technik (Internetverbindung)?

Haben Sie die Stellenanzeige und ein Duplikat Ihrer Bewerbungsmappe vor sich liegen?

Haben Sie sich über das Unternehmen informiert und entsprechend recherchiert?

Genau die Test-Anweisungen befolgen! Haben Sie die Anleitung gelesen und den Testablauf studiert? Die Einhaltung der Vorgaben wird gerne durch den Einbau der einen oder anderen „Falle" getestet!

Haben Sie die kniffligen Aufgaben zunächst zurückgestellt? *Häufig werden deren Lösungen nicht höher bewertet als die der einfachen Aufgaben.*

Zum Schluss: Alles bearbeitet?

Bei dieser Form des Tests ist es wichtig, dass Sie einerseits konzentriert bleiben, andererseits ruhig und gelassen vorgehen.

Machen Sie sich bitte stets bewusst: Sie sollen unter Zeitdruck und dadurch „Stress" kommen. Selbstverständlich haben auch andere Teilnehmer die gleichen Schwierigkeiten wie Sie.

Telefoninterviews werden von Unternehmen sehr gerne eingesetzt.

Zu einem derartigen telefonischen Bewerbungsgespräch eingeladen zu werden, ist zunächst einmal ein gutes Zeichen. Immerhin sind Sie eine Runde weiter (formal ist das Telefoninterview der sog. zweiten Auswahlstufe zuzurechnen) und man ist an Ihnen interessiert.

Allerdings hat die vorliegende Bewerbung noch nicht vollständig überzeugt und der Personaler möchte sich ein noch runderes Bild von Ihnen verschaffen, ohne dafür allzu großen Aufwand (z.B. Reisekosten) zu betreiben.

Der Personaler bzw. die Personalerin (die Fachabteilung wird erst zu späteren Gesprächen hinzugezogen) erhält durch ein Telefoninterview einen persönlichen Eindruck von Ihnen. Er/Sie kann einschätzen, ob Sie am Telefon sympathisch wirken und ob Sie argumentieren, logisch formulieren und sich darstellen können. Des Weiteren können in dem Gespräch eventuelle Fragen und offene

Punkte geklärt werden. Das Risiko einer Fehleinladung wird dadurch erheblich reduziert.

Das Telefoninterview: Was man in 15 bis 30 Minuten über den Bewerber/die Bewerberin erfahren möchte...

- Was für ein Mensch ist der Bewerber (m/w)? Was zeichnet ihn/sie als Person aus?

- Halten die in der Online-Bewerbung angegeben beruflichen Erfahrungen einer detaillierten Betrachtung stand? Können diese Angaben durch Beispiele, Projekte etc. referenziert werden?

- Weshalb wird ein Wechsel angestrebt?

- Was motiviert den Kandidaten/die Kandidatin für die zu besetzende Position?

Letztendlich möchte man sich einen Eindruck bezüglich Ihrer Persönlichkeit und Eigenschaften verschaffen – und darüber, ob Sie dazu in der Lage sind, sich überzeugend in kurzer Zeit zu präsentieren.

Gerade bei Positionen, in denen Sie das Unternehmen später repräsentieren sollen (bspw. im Rahmen von Vertriebstätigkeiten) stellt das Telefoninterview eine erste Arbeitsprobe dar. Also bitte nicht unterschätzen!

Der Vorteil des Telefoninterviews ist offensichtlich: Körpersprache und Kleidung spielen zunächst keine Rolle. Für Menschen mit ausgebildeter Körpersprache stellt das Telefoninterview hingegen einen Nachteil dar, da eine passende Gestik dem Gegenüber nicht übermittelt wird.

Ich selbst führe Telefoninterviews mit Kandidaten nur nach vorheriger Terminabstimmung. Sollten Sie ohne Terminabsprache „überfallen" werden, so lassen Sie sich bitte nicht unter Druck setzen. Führen Sie ruhig aus, dass Sie jetzt gerade keine Zeit haben, aber gerne zeitnah einen genauen Termin vereinbaren.

Meine Interviews dauern maximal 30 Minuten. Da der Recruiter vorbereitet ist, sollten Sie es auch sein.

Checkliste 6: Telefoninterview
Rechnen Sie nach Versand Ihrer Bewerbung mit einem Anruf des Unternehmens. Deshalb: Prüfen Sie bitte unbedingt die Textansage Ihres Anrufbeantworters: Humorige Ansagen, Wortbeiträge Ihrer Kids etc. sind weniger angebracht. Stattdessen bitte sachlich Ihren Namen bzw. den Namen Ihrer Familie „aufsprechen".
Die Generalprobe: Trainieren Sie doch ein Telefon-Interview einmal mit Partner, Partnerin, Freund, Freundin…
Ist der Akku Ihres Telefons rechtzeitig zum Interview

aufgeladen?

Haben Sie einen ruhigen Raum ausgewählt und die Fenster geschlossen? Sind Sie wirklich ungestört? Haben Sie Ihre Mitbewohner bzw. Ihren Partner entsprechend instruiert? Neigt Ihr Haustier dazu, sich jaulend und/oder heulend in Telefonate einzumischen (wie meine Mops-Dame „Luna")?

Sind andere Telefone etc. sowie die Türklingel auf lautlos gestellt?

Haben Sie einen Block und einen funktionstüchtigen Stift parat gelegt?

Haben Sie die Stellenanzeige und ein Duplikat Ihrer Bewerbungsmappe vor sich liegen?

Haben Sie sich über das Unternehmen informiert und entsprechend recherchiert?

Haben Sie sich bei XING/LinkedIn über Ihr Gegenüber informiert? Smalltalk...

Versetzen Sie sich bitte in Ihr Gegenüber. Welche Fragen wird der Personaler Ihnen vermutlich stellen? Was könnte ihn an Ihrem Lebenslauf aufgefallen sein bzw. irritiert haben? Bitte vorher stichwortartig aufschreiben und Ihre Argumente gleich mit notieren. Dies dient weniger dem „Spicken" während des Gesprächs, sondern eher dem „für jede Eventualität gewappnet sein".

Zum Einstieg sagt der Personaler häufig: „Stellen Sie sich bitte kurz vor." Bereiten Sie sich auf diese – unter Personalverantwortlichen „3-Minuten-Spot" o.ä. genannte – Selbstpräsentation vor, indem Sie sich selbst an den folgenden Fragen orientieren:

- Wer ist der Kandidat?

- Was kann er?

- Was hat er uns fachlich und menschlich zu bieten?

Mein Tipp: Schauen Sie ins Anforderungsprofil laut Ausschreibung. Was ist für den Gesprächspartner relevant? Veranschaulichen Sie Ihre Talente an Beispielen aus der Vergangenheit. Schaffen Sie nun die Wende und geben Ihren möglichen Beitrag für das zukünftige Aufgabenfeld an.

Der Interviewer lenkt das Gespräch! Fallen Sie ihm bitte nicht ins Wort und lassen Sie ihn ausreden.

Warum wollen Sie unbedingt in diesem Unternehmen arbeiten?

Welchen Nutzen bringen ausgerechnet Sie dem Unternehmen?

Haben Sie erklärungsbedürftige Lücken im Lebenslauf? Weshalb sind Sie schon längere Zeit arbeitssuchend?

Ihre Gehaltsvorstellung? Falls der Recruiter dieses Thema anspricht…

Welche Fragen haben Sie? Ist Ihnen etwas unklar?

Signalisieren Sie zum Abschluss Interesse, indem Sie nach den weiteren Schritten im Auswahlverfahren fragen.

Merken Sie sich den Namen des/der Gesprächspart-

> ners/-in und sprechen Sie ihn/sie damit an, besonders zum Abschied: „Herr/Frau ..., ich danke Ihnen für das angenehme Gespräch!"

> Ehrliches Fazit nach dem Gespräch: Was lief gut? Was sollte beim nächsten Interview verbessert werden?

Zum Abschluss: Ich rate an, derartige Gespräche im Stehen zu führen. So erhalten Sie mehr Volumen und können Atmung, Lautstärke und vor allem Ihr Sprechtempo besser regulieren. Etliche Mitmenschen sprechen nämlich bei Nervosität recht schnell. Des Weiteren neigen manche Zeitgenossen dazu, am Telefon eine zu „laxe" Haltung und Sprache einzunehmen. Dies dürfte im Stehen vermieden werden.

Ganz wichtig: Immer lächeln. Letzteres nimmt Ihr Gegenüber am Telefon wahr.

Als Alternative zum Telefoninterview findet auch bei deutschen Unternehmen mehr und mehr das sog. Skype-Interview Anwendung. Bei Bewerbungen für Positionen im Ausland gehört das Skype-Interview zum Standard-Repertoire des Recruiters. Auch dieses Verfahren ist der zweiten Auswahlstufe zuzuordnen. Oftmals erfolgt im Anschluss ein persönliches Bewerbungsgespräch vor Ort.

Die Vorteile des Skype-Interviews liegen auf der Hand: So können sich beide Seiten auch bei einer größeren räumlichen Distanz rasch und kostengünstig einen ersten Eindruck voneinander verschaffen. Dies gilt – im Vergleich zum Telefoninterview – auch für Gestik und Mimik.

Bitte bedenken Sie: Während Personaler in ihrem gewohnten Büroumfeld sitzen, gewähren Sie als Kandidat ggf. Einblicke in Ihr Privatleben. Darauf sollten Sie sich einstellen.

Doch Skype hat für Sie als Kandidat/-in auch einen großen Vorteil: Während Sie bspw. beim Vorstellungsgespräch ganz auf sich allein gestellt sind, gibt es beim Skype-Interview die Möglichkeit, kleine Helfer in Form von Notiz- oder „Spickzetteln" zu verwenden.

Checkliste 7: Skype-Interview
Vorab: Sind Sie mit den wesentlichen Funktionen von Skype vertraut?
Ist Ihr Skype Profil aktuell? Haben Sie einen seriösen Skype-Namen („Nickname") gewählt, Ihr aktuelles Bewerbungsfoto als Profilfoto eingestellt und das „Über-mich" Feld für eine kurze berufliche Vorstellung genutzt?

Haben Sie einen für Bewerbungszwecke geeigneten Hintergrund, z.B. eine helle Wand, ausgewählt?

Umfeld-Check: Was sieht der Gesprächspartner – außer Ihnen – auf seinem Bildschirm? Poster, vertrocknete Pflanzen, Erotikliteratur im Bücherregal? *Bedenken Sie, dass jedes Hintergrund-Detail etwas von Ihnen und Ihrer Persönlichkeit übermittelt. Richten Sie den Platz für das Skype-Interview so ein, dass Ihre Umgebung professionell wirkt.*

Funktioniert Ihr Mikrofon? Ist auch die Lautstärke korrekt eingestellt?

Ist Ihr Gesicht gut ausgeleuchtet? Tipp: *Beleuchten Sie Ihr Gesicht von vorne, damit es gleichmäßig ausgeleuchtet ist und Sie keine Schatten werfen.*

Ist die Kamera auf Augenhöhe angebracht und auf Ihr Gesicht eingestellt? Ganz wichtig: Schauen Sie während des Gesprächs in die Kamera und nicht auf den Bildschirm! *Vorher folgenden Tipp trainieren: Stellt Ihr Gesprächspartner eine Frage, so schauen Sie bitte auf den Monitor. Sprechen Sie hingegen selbst, so schauen Sie bitte direkt in die Kamera.*

Haben Sie Sie das gesamte Skype-Interview mit einer Bekannten oder einem Freund simuliert? Welche Verbesserungsvorschläge wurden gemacht?

Haben Sie sich unmittelbar vor dem Interview ausgeruht bzw. durch einen Spaziergang etc. entspannt?

Entspricht Ihre Kleidung dem „Dresscode" eines gewöhnlichen Vorstellungsgesprächs?

Haben Sie einen ruhigen Raum ausgewählt und die Fenster geschlossen? Sind Sie wirklich ungestört? Haben Sie Ihre Mitbewohner bzw. Ihren Partner entsprechend instruiert? Neigt Ihr Haustier dazu, sich jaulend und/oder heulend in Telefonate einzumischen (wie meine Mops-Dame „Luna")?

Sind Handy, Telefon und Türklingel auf lautlos gestellt?

Laufen weitere – augenblicklich nicht benötigte – Programme im Hintergrund Ihres PCs? Ausschalten! Dies gilt insbesondere für eintreffende E-Mails.

Haben Sie einen Block und einen funktionstüchtigen Stift parat gelegt?

Haben Sie die Stellenanzeige und ein Duplikat Ihrer Bewerbungsmappe vor sich liegen?

Haben Sie sich über das Unternehmen informiert und entsprechend recherchiert?

Haben Sie sich entsprechende Notizen und „Spickzettel" neben Ihre Kamera geklebt? *Letztere dienen während des Gesprächs als Gedächtnisstütze, sollten aber auch nicht zu oft angeschaut werden, da ansonsten der Eindruck entstehen könnte, dass Sie vom eigentlichen Gespräch abgelenkt sind.*

Haben Sie sich bei XING/LinkedIn über Ihr Gegenüber informiert? Smalltalk...

Lächeln Sie gelegentlich während des Gesprächs! Kleine Gedächtnisstütze: Haben Sie vorher einen Smiley neben Ihre Kamera geklebt?

Der Interviewer lenkt das Gespräch! Fallen Sie ihm bitte nicht ins Wort und lassen Sie ihn ausreden.

Wurde zu Beginn des Gespräches die technische Frage geklärt, wer zurückruft, sollte die Verbindung unterbrochen werden?

Seien Sie bitte nicht überrascht, wenn zu Beginn des Gespräches der Small Talk knapp ausfällt...

Beachten Sie während des Gespräches: Verzögerungen in der Übertragung können Ihre Gestik verschwommen oder aber ruckartig wirken lassen. Vermeiden Sie deshalb allzu schnelle Bewegungen und lassen Sie Ihre Hände besser ruhen!

Während des Gesprächs Haltung bewahren! Suchen Sie sich eine Sitzposition, in der Sie aufrecht und bequem sitzen und vermeiden Sie es, nervös auf Ihrem Stuhl zu wippen.

Warum wollen Sie unbedingt in diesem Unternehmen arbeiten?

Welchen Nutzen bringen ausgerechnet Sie dem Unternehmen?

Haben Sie erklärungsbedürftige Lücken im Lebenslauf? Weshalb sind Sie schon längere Zeit arbeitssuchend?

Ihre Gehaltsvorstellung? Falls der Recruiter dieses Thema anspricht...

Welche Fragen haben Sie? Ist Ihnen etwas unklar?

Merken Sie sich den Namen des/der Gesprächspartners/-in und sprechen Sie ihn/sie damit an, besonders zum Abschied: „Herr/Frau ..., ich danke Ihnen für das angenehme Gespräch!"

Ehrliches Fazit nach dem Gespräch: Was lief gut? Was sollte beim nächsten Interview verbessert werden?

Zu guter Letzt: Bleiben Sie gelassen! Selbst dann, wenn der Paketbote während Ihres Skype-Interviews Sturm klingelt…

Personaler wissen: Das Skype-Interview stellt (noch) eine besondere Herausforderung für Bewerber (m/w) dar. Zeigen Sie Ihrem zukünftigen Arbeitgeber, dass Sie auch potentiell auftretende Schwierigkeiten stressresistent bewältigen können.

Da die weiteren möglichen Auswahlverfahren bereits ganze Bücher füllen, möchte ich mich an dieser Stelle auf eine – mir wichtige – Facette des Themas „Vorstellungsgespräche" beschränken. In etlichen Workshops wurde ich von den Teilnehmern gefragt, wie sie sich inhaltlich auf ein Vorstellungsgespräch vorbereiten könnten. Nun ist es quasi unmöglich, sich auf alle denkbaren Situationen und Details vorzubereiten.

Wichtig ist auch hier die sog. Nutzen-Argumentation.

Praxistipp:

Erzählen Sie dem potentiellen Arbeitgeber nicht ausschweifend, was Sie bei anderen Firmen gemacht haben.

Fokussieren Sie sich stattdessen darauf, was Sie für diesen Arbeitgeber tun können!

Fazit: Überlegen Sie sich bitte im Rahmen Ihrer Gesprächs-Vorbereitung, welchen Nutzen Sie dem Unternehmen bieten können.

Da sich die Fragestellung der Personaler sehr häufig ähnelt, können Sie sich gezielt auf bestimmte Fragen vorbereiten.

Tipp: Lebenslauf parat haben... Kurz und sehr simpel (KUSS-Prinzip) darstellen. Nach Nennung von Ausbildung/Studium auf die Tätigkeiten aus Ihrem Lebenslauf beschränken, die einen Bezug zu der neuen Stelle haben. Wechselmotivation nur knapp darlegen, da Sie im Anschluss an Ihre Ausführungen sowieso befragt werden.

Was erwarten Sie von der neuen Aufgabe/von uns?

Tipp: Schildern Sie, wo Sie Ihre Kernaufgaben und potentielle Herausforderungen sehen. Check: Achten Sie auf die Antworten der Personaler. Haben diese vielleicht andere Vorstellungen als Sie?

Weshalb wollen Sie Ihre jetzige Stelle aufgeben/ weshalb sind Sie gegangen?

Warum haben Sie diesen beruflichen Weg gewählt?

Tipp: Überlegen Sie sich im Rahmen der Vorbereitung, was Sie an Ihrem Beruf besonders klasse finden und schon haben Sie eine Antwort auf dieser Frage.

Wie würden Sie sich (ein Freund Sie) beschreiben?

Was sind Ihre größten Stärken?

Hier bitte 2 oder 3 pointierte Argumente nennen und beweisen, wo und wie Sie diese erbracht haben. Die alleinige Aufzählung ohne Beispiel hilft Ihnen nicht weiter!

Beispiele für „echte" Stärken: Organisationstalent, Kommunikationsfähigkeit, Mehrsprachigkeit, Prioritäten setzen können, Kundenorientierung (inklusive Kundenbindung), unternehmerisches und/oder lösungsorientiertes Denken und Handeln, Empathie, kooperativer Führungsstil etc.

Am Rande: Teamfähigkeit, Verantwortungsbewusstsein und Pünktlichkeit sind keine Stärken, sondern Selbstverständlichkeiten!

Was ist Ihre größte Schwäche?

Tipp 1:

Da Humor in Vorstellungsgesprächen grundsätzlich nicht verboten ist, könnten Sie spontan mit „Schokolade" o.ä. antworten, also eine „sympathische" Schwäche angeben.

Tipp 2:

Sollte der Personaler sich nicht mit Tipp 1 begnügen und gezielter nachfragen, greift Tipp 2.

Wählen Sie eine Eigenschaft, die bei Ihnen nicht so stark ausgeprägt ist, die für die Ausübung des künftigen

Jobs aber auch nicht benötigt wird. Sprechen Sie nicht von „Schwäche", sondern von einem „Entwicklungsfeld". Bsp.: Ein Buchhalter kann anführen, dass er nicht so gerne vor einer größeren Menge spricht und Präsentationen abhält. Diese Eigenschaften sind für seine Kerntätigkeit zweitrangig.

Was war Ihr wichtigster Erfolg/Misserfolg?

Tipp Misserfolg: Ein Beispiel nennen, wo Ihnen etwas nicht gut gelungen ist. <u>Aufzeigen, was Sie daraus gelernt haben</u> und wie Sie die Sache heute anders angehen würden. Lieber eine konkrete Situation anführen, die schiefgegangen ist –weniger eine dauerhafte persönliche Schwäche...

Warum können wir davon ausgehen, dass Sie sich langfristig bei uns engagieren werden?

Wie arbeiten Sie unter Stress bzw. in Belastungssituationen?

Tipp: Deutlich machen, dass Sie Prioritäten setzen und „Wichtiges" von „Unwichtigem" unterscheiden können.

Trauen Sie sich diese Aufgabe tatsächlich zu?

Antwort: Ja!!!

Bitte ohne Wenn und Aber bzw. irgendwelche Erklärungen direkt mit „Ja" antworten – sonst hätten Sie ja keine Bewerbung geschickt.

Wo sehen Sie sich selbst in fünf Jahren?

Vorsicht: Unternehmen planen langfristig. Dies sollte bei Ihrer Antwort zum Ausdruck kommen. Ach ja: Den Posten desjenigen Abteilungsleiters anzustreben, der beim Vorstellungsgespräch mit am Tisch sitzt, kommt auch nicht gut... Besser dokumentieren, dass Sie sich erst einmal fundiert in die neue Stelle einarbeiten wollen.

Weshalb könnten wir Zweifel an Ihrer Eignung bekommen?

Wie lange werden Sie für die Einarbeitung benötigen?

Wie gehen Sie mit Kritik um?

Tipp: Beschreiben Sie, wie Sie Kritik aufnehmen. Die Gesprächspartner wollen weder die sofortige Annahme noch die harsche Ablehnung hören. <u>Dokumentieren Sie, dass Sie konstruktive Kritik schätzen.</u> Übrigens: Da das

Wort „Kritik" selbst – fälschlicherweise – negativ besetzt ist, würde ich es in der Antwort nicht mehr aufgreifen bzw. nennen.

Was verstehen Sie unter Teamarbeit, was schätzen Sie an Kollegen?

Was kennzeichnet aus Ihrer Sicht einen guten Vorgesetzten?

In welchen Bereichen sollte man Ihrer Meinung nach Entscheidungsfreiheit haben?

Wie verbringen Sie Ihre Freizeit?

Was sagt Ihre Familie zu dem geplanten Wechsel?

Eine sehr wichtige Frage, insbesondere wenn Sie regelmäßig über eine größere Entfernung „pendeln" müssen oder gar ein Umzug der Familie vorgesehen ist. Sprechen Sie bitte unbedingt mit Ihrer Familie. „Zieht" diese wirklich mit? Auch habe ich bereits die Erfahrung gemacht, dass „Pendler" nach 1 2/2 bis 2 Jahren oftmals Stellen wieder kündigen, da ihnen die Fahrerei zu viel wird. Das kann nicht im Sinne des Unternehmens sein, welches langfristig mit Ihnen plant. Deshalb: Seien Sie fair und klären diesen Punkt vorab...

Im Gespräch selbst bleibt Ihnen als sinnvolle Antwort
nur, dass Ihre Familie „voll" hinter Ihnen steht.

Wie zügig können Sie bei uns beginnen?

*Vorsicht: Hier sollten Sie sich flexibel, aber nicht illo-
yal gegenüber Ihrem jetzigen Arbeitgeber zeigen, indem
Sie bspw. alles „stehen und liegen lassen". Erwartet
wird, dass Sie <u>vor</u> dem Gespräch Ihre Kündigungsfrist
laut aktuellem Anstellungsvertrag studiert und ggf.
berechnet haben.*

Oft gegen Ende des Gespräches: Warum sind gerade Sie der/die Richtige für uns? Warum sollten wir Sie einstellen?

*Tipp: Das Wichtigste auf den Punkt bringen. Hervorhe-
ben, was sie – fachlich und persönlich – für die zu
besetzende Position qualifiziert...*

Welche Fragen haben Sie an uns?

*Eine der wichtigsten Fragen schlechthin. Hier keine
eigenen Fragen zu stellen wäre fatal. Durch eigene
Fragen können Sie unterstreichen, dass Sie sich wirklich
für den Job und das Arbeitsumfeld interessieren. Außerdem sind solche Fragen eine weitere Hilfestellung,
durch die Sie selbst herausfinden können, ob der neue*

Job bzw. Arbeitgeber auch Ihren Vorstellungen entspricht! Stellen Sie doch einfach die folgen Fragen:

- **Fragen zum Unternehmen selbst** *(Wie ist die Altersstruktur?)*

- **Fragen zum Aufgabengebiet** *(Wie sind die Aufgaben innerhalb der Abteilung aufgeteilt? Gibt es neben den Routineaufgaben derzeit auch größere Projekte?)*

- **Fragen zur Abteilung oder Arbeitsorganisation** *(Aus wie vielen Mitgliedern besteht das Team? Darf ich mir den Arbeitsplatz/die Abteilung im Anschluss einmal ansehen?)*

- **Fragen, die sich aus dem bisherigen Gesprächsverlauf ergeben...**

Aus gegebenem Anlass möchte ich noch einige Sätze darüber verlieren, was man in Vorstellungsgesprächen besser lassen sollte.

Das Vorstellungsgespräch: Die „No-Gos"

- Sollten in manchen Fragen gezielte Provokationen erkennbar werden, so setzen Sie bitte das „Sieb"-Prinzip ein, indem Sie die Provokationen gezielt aussieben. Sie selbst konzentrieren sich ausschließlich auf eine rein sachliche Antwort!

- Lästern Sie bitte nicht über ehemalige Arbeitgeber (immer wieder beobachtet!).

- Bitte plaudern Sie im Gesprächsverlauf keine Detailinformationen über ehemalige Arbeitgeber aus.

Auch wenn das Vorstellungsgespräch vermeintlich vertraulicher wird, sollte man sich hier zurückhalten. Ihr Gegenüber möchte schließlich auch nicht, dass Sie woanders im Vorstellungsgespräch sitzen und über seine Firma negativ sprechen.

Als Personalberater erlebe ich es immer wieder: Es wird über den Ex-Arbeitgeber gelästert, dass man glaubt, es müsse sich um ein echtes Monster handeln. Auch wenn es Ihnen schwerfällt: **Schließen Sie mit der <u>Vergangenheit</u> ab! Im Vorstellungsgespräch interessiert Ihre <u>Zukunft</u>! Also: Konzentrieren Sie besser all Ihre Energie darauf, den neuen Job zu erhalten!**

Ein Wort zum Abschluss: Die Welt, in der sich Bewerber (m/w) und Unternehmen bewegen, hat sich aufgrund des demographischen Wandels verändert und wird sich weiter verändern. Letztendlich werden sich die Unternehmen mehr und mehr um qualifizierte Kandidaten bewerben müssen. Letztere wählen aus einer Vielzahl an hochinteressanten Angeboten aus. Für Sie als Bewerber gilt es, sich Qualifikationen anzueignen, durch die Sie ein „Alleinstellungsmerkmal" erlangen. Im zweiten Schritt sollten Sie durch die nahezu „perfekte" Bewerbung „Werbung" für Ihre Person machen.

In diesem Ratgeber – der mit viel Herzblut in einem kleinen Verlag entstanden ist – haben Sie etliche Hinweise erhalten, wie Sie Ihre gelungene Online-Bewerbung erstellen können.

Ich wünsche Ihnen von ganzem Herzen, dass Sie Ihr Ziel erreichen!

Ihr Alexander Sprick

11. Stichwortverzeichnis

40629868R00128

Printed in Poland
by Amazon Fulfillment
Poland Sp. z o.o., Wrocław